U0724628

鸟

世界之美编委会　编著

中国大百科全书出版社

图书在版编目（CIP）数据

鸟 / 世界之美编委会编著 . -- 北京 ： 中国大百科
全书出版社，2025. 1. --（世界之美）. -- ISBN 978-7-
5202-1829-0

Ⅰ . Q959.7-49

中国国家版本馆 CIP 数据核字第 2025VS3048 号

总 策 划：刘　杭　　郭继艳

策划编辑：张会芳

责任编辑：张会芳

责任校对：邵桄炜

责任印制：王亚青

出版发行：中国大百科全书出版社有限公司

地　　　址：北京市西城区阜成门北大街 17 号

邮政编码：100037

电　　话：010-88390811

网　　址：http://www.ecph.com.cn

印　　刷：唐山富达印务有限公司

开　　本：710mm×1000mm　1/16

印　　张：10

字　　数：100 千字

版　　次：2025 年 1 月第 1 版

印　　次：2025 年 1 月第 1 次印刷

书　　号：ISBN 978-7-5202-1829-0

定　　价：48.00 元

—— 总　序

这是一套面向大众、根植于《中国大百科全书》第三版（以下简称百科三版）的百科通俗读物。

百科全书是概要记述人类一切门类知识或某一门类知识的完备的工具书。它的主要作用是供人们随时查检需要的知识和事实资料，还具有扩大读者知识视野和帮助人们系统求知的教育作用，常被誉为"没有围墙的大学"。简而言之，它是回答问题的书，是扩展知识的书。

中国大百科全书出版社从1978年起，陆续编纂出版了《中国大百科全书》第一版、第二版和第三版。这是我国科学文化建设的一项重要基础性、标志性、创新性工程，是在百年未有之大变局和中华民族伟大复兴全局的大背景下，提升我国文化软实力、提高中华文化国际影响力的一项重要举措，具有重大的现实意义和深远的历史意义。

百科三版的编纂工作经国务院立项，得到国家各有关部门、全国科学文化研究机构、学术团体、高等院校的大力支持，专家、学者5万余人参与编纂，代表了各学科最高的专业水平。专家、作者和编辑人员殚精竭虑，按照习近平总书记的要求，努力将百科三版建设成有中国特色、有国际影响力的权威知识宝库。截至2023年底，百科三版通过网站（www.zgbk.com）发布了50余万个网络版条目，并陆续出版了一批纸质版学科卷百科全书，将中国的百科全书事业推向了一个新的高度。

重文修武，耕读传家，是我们中国人悠久的文化传承。作为出版人，我们以传播科学文化知识为己任，希望通过出版更多优秀的出版物来落实总书记的要求——推动文化繁荣、建设中华民族现代文明，努力建设中国式现代化强国。

为了更好地向大众普及科学文化知识，我们从《中国大百科全书》第三版中选取一些条目，通过"人居环境""科学通识""地球知识""工艺美术""动物百科""植物百科""渔猎文明""交通百科"等主题结集成册，精心策划了这套大众版图书。其中每一个主题包含不同数量的分册，不仅保持条目的科学性、知识性、准确性、严谨性，而且具备趣味性、可读性，语言风格和内容深度上更适合非专业读者，希望读者在领略丰富多彩的各领域知识之时，也能了解到书中展示的科学的知识体系。

衷心希望广大读者喜爱这套丛书，并敬请对书中不足之处给予批评指正！

《中国大百科全书》编辑部

"世界之美"丛书序

美是一个哲学概念，也是人类实践作用于客观现实世界产生的结果和产物。对美的问题的哲学探讨最终不外乎三个方向或三种线索，或从人的意识、心理、精神中，或从物质的自然形式、属性中，或从人类实践活动中来寻求美的根源和本质。审美是人们在观赏具有审美价值的事物时，直接感受到的一种特殊的愉快经验。"世界之美"丛书旨在成为反映美的载体，通过《宝石》《芳香植物》《观赏植物》《观赏水族》《鸟》《名建筑》《服装》等分册，带领读者踏上一段寻美、赏美的旅程。

《宝石》分册，让我们一起认识璀璨耀眼的宝石。从红宝石如烈焰般炽热的红色、蓝宝石深邃如海的蓝色、祖母绿清新欲滴的绿色，到黄玉温暖明亮的黄色，每一种宝石以其独特的魅力，串联起人类文明的发展脉络，彰显着人们对美好生活的向往与追求。

《芳香植物》分册，让我们打开嗅觉，一起去寻找能使人神清气爽、精神愉悦的植物。这些植物或全株或仅某些器官组织含有芳香成分，提取加工后可用来增加美感和吸引力。

《观赏植物》分册，我们主要从视觉层面感受形态各异的植物，从高大的乔木到低矮的灌木，从细长的藤蔓到宽大的叶片，每一种植物都有其独特的形态美；色彩上，从单一的绿色到多彩的花朵，再到变化多端的叶色，都能给人带来美的享受。

《观赏水族》分册，让我们一起走近各种珍奇的水生生物，通过五彩斑斓的水族世界感受自然之美，唤起对生活的热爱和对生命的敬畏。

《鸟》分册，我们踏上了寻美探美之路，一起领略鸟儿如同天空中的舞者在飞翔时的姿态万千，解读鸟类充满美感的行为，聆听悠扬的鸟鸣声，从而提高对鸟类保护的意识。

《名建筑》分册，我们认识了建筑能通过造型式样、色彩装饰等直接诉诸人的感官的形式美，也普及了建筑体现的时代性、民族性、地域性文化特征，即建筑的时代精神和社会物质文化风貌。

《服装》分册，我们放眼世界，了解那些既实用又美观的服装。服装美学具有时尚性、流行性，其形式构成要素是形式美，增强了人的仪表美，推动了社会美、生活美的进化。

"世界之美"丛书如同一扇扇通往不同世界的大门，让我们得以窥见这个世界的绚丽多姿与独特魅力。在阅读过程中，帮助我们感受人类文明的辉煌成就与智慧结晶；通过书中知识，帮助我们更好地理解美的形式，从而保护与珍惜已有的美，创造更多的美。让我们翻开这些书页，一起触摸、嗅闻、发现、聆听、传递美，不断地追求美。

世界之美丛书编委会

目　录

第2章 主要的鸟类 37

第1章

鸟的基本概念

鸟

鸟是脊椎动物亚门鸟纲动物的统称。鸟体表被羽，前肢特化成翅，恒温，卵生，胚胎外有羊膜。多营飞翔生活。鸟的心脏是 2 心房 2 心室；骨多空隙，内充气体；呼吸器官除肺外，有辅助呼吸的气囊。世界已发现 9021 种鸟，分布几乎遍布全球。中国约有 1300 种鸟，约占总数的 14%。鸟的生态多样。

◆ 起源与演化

鸟类是从古爬行动物中演化来的，但由于化石资料不足，它究竟是从哪一类爬行动物起源的，尚存在着争议。1861 年发现的保存在中生代侏罗纪地层中的始祖鸟化石，具有羽毛印痕和一些鸟类特征，但又有许多爬行动物特征，如槽齿、腕掌骨未愈合等，推动了对鸟类起源的探索，提出许多假说。其中，至今仍引人关注的有假鳄类（槽齿类）起源和兽脚类恐龙起源两大学派。假鳄类是主干爬行动物（包括恐龙）的祖先，其中早三叠世的一种小型化石派克鳄与始祖鸟和古爬行动物均很相似，但其与始祖鸟之间有巨大的时间空缺，缺乏化石证据。兽脚类是一种肉食性恐龙，其中的某些小型种类，例如腔骨龙，有可能进化为鸟类。20世纪80年代以来，中国辽宁省辽西地区所出土的大批中生代侏罗纪原始鸟类化石以及带羽毛的小型兽脚类化石为鸟类起源于兽脚类恐龙提供了有利的证据。然而已知的兽脚恐龙灭绝时代距始祖鸟太近，其指骨结构等特征也与鸟类不同，这些还有待于对日后出土化石的研究。推测鸟类在中生代晚三叠世即已出现，可能是从一种小型树栖、攀缘并有滑翔能力的古爬行动物演化而来，在滑翔过程中，前肢变为翅，鳞片延长，特化成羽毛；或是在地面奔走过程中，前肢由辅助平衡的功能逐渐演变为翅，并发展了羽毛。到中生代白垩纪早期广泛辐射，适应生存与多种环境；现代鸟类的主要类群在新生代第三纪已经出现，成为广布各地的脊椎动物。

◆ 形态特征

鸟的全身覆盖着由表皮角质化所形成的羽毛，起着隔热保温、防止损伤的作用，并兼有触觉的功能。鸟的前肢骨骼简化和变形，后缘着生一列大型飞羽，构成鸟类特有的飞翔器官——翼。着生于手骨上的称初级飞羽，前臂上的称次级飞羽。鸟翼的背、腹面均有成层的覆羽，使翼的表面成流线型。这些羽毛质轻、结实、有弹性，有助于提高飞行效率。鸟体的尾羽能在飞翔中起定向和平衡作用。

现代鸟类无牙齿，尾骨退化，愈合为尾综骨。鸟类无膀胱，这是减轻体重、提高飞行效率的条件。鸟类适应于飞翔生活，其骨骼变薄、充气并广泛愈合，解决了坚固与轻便的矛盾。部分腰椎、荐椎和部分尾椎愈合成综荐骨，综荐骨又与宽大的骨盆相愈合，构成强大的支架以支撑后肢。

鸟类躯干较短。在飞行时，重力适与两翅产生的升力平衡；在双足站立时，重力线正通过双脚。跗骨与胫骨和腓骨分别愈合成胫跗骨和跗跖骨，再加上足跟离地，这就增加了起落时的弹性。大多数鸟类4趾。踇趾向后，有利于抓握树枝。由于趾屈肌肌腱的特殊结构，在栖息时，趾不会松脱。头部前伸的上嘴和下嘴外包角质鞘，称为喙。鸟类的取食、梳理羽毛、筑巢以及防御活动，均由喙来完成。颈长，有多个相连的马鞍形椎骨，运动极为灵活。

◆ 代谢和恒温

剧烈的飞行要求旺盛的新陈代谢。稳定的、高于环境的体温（$40 \pm 2℃$），不但保证了较高的代谢率，而且在垂直高度和水平方向上扩大了鸟类的活动范围。恒温要求灵敏的神经调节机制。在羽毛覆盖下的静止空气形成一个良好的隔温层，竖毛肌可以调节隔温层的厚度。鸟类（特别是水禽）经常啄取由尾脂腺分泌的油脂，涂抹全身羽毛，以防止水分接触皮肤降低体温。另外，飞行时的快速低温气流有助于散热。鸟类虽无汗腺，但快速呼出的水汽可以带走大量体热。

鸟类的呼吸功能的增进，使之可以在高空缺氧的情况下活动自如。空气经过气囊，到毛细支气管网中交换气体，然后由前气囊排出。无论是吸气还是呼气，气体都是单向流动（即双重呼吸）。另外，毛细支气管中的气流与肺毛细血管中的血流方向相反，这种逆流交换可使提取氧气的效率远远高于哺乳动物。鸟类与哺乳类一样，动脉和静脉血液完全分开（即完全的双循环），但鸟类保留的是右侧体动脉，而哺乳类保留的却是左侧体动脉。鸟类的心脏容量大，心跳快，压力也高，因而循环迅速。

鸟类主要靠角质喙和灵活的舌部摄取食物。粉碎食物主要由发达的肌胃来完成，肌胃中常存有沙粒以助研磨。鸟类的直肠极短，不贮存粪便，且具吸收水分的作用。鸟类消化力强，消化迅速。成鸟由后肾排出含尿酸的尿液。由于肾管和泄殖腔的重吸水作用，失水极少。海鸟眼眶上部具盐腺，分泌高渗盐水，从而保持体液的渗透压稳定。

◆ **生活习性**

鸟类的神经系统较发达。大部分鸟类为昼行性。由于视觉敏锐，在高空飞翔时可发现地面的目标。鸟类还具色觉。鸟眼扁圆利于远看，而临近物体时又可迅速调整焦距。鸟类眼内肌为横纹肌，反应敏捷，能同时改变角膜和水晶体的曲度（双重调节）。眼睑和瞬膜可防止气流和灰尘对眼球的伤害，巩膜上的骨片又保证眼球不致因气压而变形。少数夜行性鸟类听觉发达。只有几鹫的嗅觉比较发达。

卵生和育雏

复杂的结构要求较长的发育阶段，但飞翔却又要求体轻，这一矛盾靠多黄卵和较长的孵育时间来解决。鸟的左右坐骨和耻骨不在腹侧联合，开放式的骨盆有利于产生大型硬壳卵。

行为与生态

鸟类具有很多特殊的适应能力，能够在各种不同的环境中生活。飞翔是主要活动方式。通过飞翔，鸟类能获得丰富的食物，逃避敌害，并作远距离迁徙，寻觅适宜的生活环境。

食性

鸟类的食性可分为食肉、食鱼、食虫和食植物等类型，还有很多居间类型和杂食类型。有些种类的食性因季节变化、食物多寡、栖息地特点以及其他条件而异。①食肉鸟类。包括隼形目、鸮形目的绝大多数种类，主要捕食鼠类、其他鸟类、两栖和爬行动物等。这些鸟类的嘴强大并弯曲成钩，两翅强健善飞，脚亦强健有力，爪钩弯曲锐利。其中有嗜食尸肉的，如秃鹰、兀鹫等。不少种类常把不能消化的东西（如兽毛、骨骼等）以"食丸"形式吐出。食肉鸟类对农、林、畜牧业等具有很大经济意义。它们绝大多数捕食啮齿动物，为益鸟。②食鱼鸟类。种类很多，大多栖息水域或水边。鹈鹕、鸬鹚、鹭类、秋沙鸭、翠鸟等都啄食鱼类。鸥与浮鸥等往往在水面上空飞翔，发现鱼类即由低空钻入水中，用嘴叼住猎获物后，立即起飞。鹗（即鱼鹰）用爪擒拿鱼类。③食虫鸟类。种类极多，如杜鹃、戴胜、夜鹰、雨燕、啄木鸟和雀形目的多种鸟类。它们大多在林木和灌丛中捕食各种昆虫及其幼虫。鹟类大多栖在树枝上，一见有昆虫飞过，即突然飞出捕捉。燕和雨燕等常张嘴在空中疾飞，兜捕昆虫。啄木鸟具有坚强似凿的嘴，常攀缘树干用嘴啄木，捕食树皮内的昆虫幼虫。食虫鸟类可吃掉大量害虫，是农林业的益鸟。④食植物鸟类。这种鸟类为数也不少。松鸡科鸟类取食针叶树的芽、嫩叶和柔软花序，雉、鸠鸽、雀等鸟类嗜食植物的种子和果实，绣眼鸟、啄花鸟嗜食花粉，太阳鸟嗜食花蜜。此外，很多食虫鸟在秋冬两季也吃植物的浆果和种子。有些种类能储藏食物，如松鸦常把红松种子、柞实等埋藏在苔藓下面。

繁殖

鸟类性成熟期为 1 ~ 5 年。很多鸟类到性成熟表现为两性异型。绝大多数鸟类是单配制，由雌鸟和雄鸟共同承担繁育任务，以保证最大的繁殖成功率。企鹅、海鸟、猛禽、天鹅、鹦鹉及许多雀形目鸟类均属这种类型。以 DNA 技术对一些单配制鸟类的后代进行研究发现，在小型雀形目鸟类中，婚外交配现象十分普遍，占后代的 20% ~ 40%。有 2% 的鸟类是一雄多雌制，例如鸵鸟、松鸡、雉类等。鸟类中的极少数为一雌多雄制，如水雉、三趾鹑、瓣蹼鹬等，此类鸟的雌鸟大多羽色鲜艳，由雄鸟承担孵卵和育雏任务。少数生活在热带的鸟类采取社群繁殖制，也称合作繁殖，在孵化及育雏阶段有许多同种鸟类（常为同一繁殖对的后代）来帮忙，例如白额蜂虎、灌丛鸦。

鸟类在繁殖初期有发情活动，雌雄相遇时，雄鸟（少数为雌鸟）表现出特种姿态和鸣声。有些种类，特别是一雄多雌的种类，雄鸟间常发生格斗。发情末期或发情结束时开始占据领域。雄鸟不让其他鸟类（特别是同种鸟类的雄性）侵占或进入自己的领域。领域的大小因种类和自然条件（主要是食物是否丰富）而异，从几百平方米至几十平方千米不等。

鸟巢的大小、形状、结构、巢材和安置处所等很不一致。鸟巢安置处所有下列几个类型：①安置在地上或草丛中，如雉、鸭等。②安置在水面上。③安置在土穴中，如翠鸟等。④安置在岩壁或建筑物中，如麻雀、雨燕等。⑤安置在树洞或人工巢箱中，如啄木鸟、山麻雀等。⑥在树上编织巢，放置或悬挂于树上。大多呈杯形，如多数雀形目的鸟；或呈平台状，如鸠鸽等；或呈球形，如鹪鹩等。

鸟类产卵数目、卵的形状和颜色等也不一致。某些大型猛禽每窝只产 1 卵；鸠鸽、雨燕等每窝产 2 卵；鸡和鸭类每窝常产 5 ～ 12 卵。隐蔽营巢种类的卵常为纯色；露天营巢种类的卵大多呈斑杂状。孵卵期一般从 12 ～ 13 天（如小型鸟类）到 21 ～ 28 天（雉、鸭），有些大型猛禽的孵卵期长达 2 个月。雏鸟孵出后，有的（如雁形目、鸡形目等）体被稠密绒羽，睁眼，能随亲鸟觅食，称早成性雏鸟；有的（雀形目）几全裸露，闭眼，靠亲鸟长期喂养，称晚成性雏鸟。也有居间类型，如鸥形目、隼形目等的雏鸟。幼鸟离巢后，大多数种类的成鸟开始换羽。鸟类换羽通常是从飞羽和尾羽开始，以后才更换小的体羽。大多数鸟类每年换羽 1 次，也有 1 年 2 次，甚至多达 4 次的（如雷鸟），如在秋季换羽，一般全部更换；如在其他季节则只是部分更换。

迁徙

鸟类在不同季节更换栖息地区，或是从营巢地移至越冬地，或是从越冬地返回营巢地，这种季节性现象称为迁徙。鸟类因迁徙习性的不同，可分为留鸟、夏候鸟、冬候鸟、旅鸟、迷鸟等几个类型。鸟类迁徙通常在春秋两季进行。秋季迁徙为离开营巢地区，大都由北向南，速度缓慢；春季迁徙为由南向北，并且由于急于繁殖，速度较快。食虫鸟白天猎食昆虫，大都在夜间迁徙。猛禽大多在白天迁徙。鸟类迁徙时的飞行高度一般不超过 1000 米。有些大型种类（如天鹅）能飞越珠穆朗玛峰，飞行高度达 9000 米。小型鸟类的飞行高度一般不超过 300 米。中国是东南亚鸟类的主要越冬地或迁徙通道。中国鸟类的迁徙途径大致有东部、中部和西部 3 个主要迁徙通道。中国东部沿海各省及台湾是猛禽、水禽、雀形目鸟类从俄罗斯、朝鲜半岛、日本迁至中国、东南亚、大洋洲等地的主要通道；鸟类南迁的中部通道经内蒙古东部，沿黄河流域、吕梁山和太行山南下，到华中或华南地区越冬；西部通道自内蒙古西部至青海、新疆的广大干旱荒漠草原南迁，经横断山脉进入中南半岛，或向西进入中亚。现已证实新疆塔克拉玛干大沙漠中有 70 余种鸟类穿行其间。

◆ 分类

鸟纲下分为古鸟亚纲、齿鸟亚纲、反鸟亚纲和今鸟亚纲 4 个亚纲，现存鸟类均属今鸟亚纲。今鸟亚纲下辖古颌总目（又称平胸总目）、楔翼总目和突胸总目（又称今颌总目）3 个总目。中国仅产突胸总目的种类。突胸总目下属 27 目，其中中国境内分布有 22 目。根据各目鸟类可能具有的亲缘关系，可对进化系统作出初步推论。反鸟亚纲种类的肩胛骨和鸟喙骨的连接方式与现代鸟类相反。个体小，有残存牙齿，具尾综骨，胸骨发达，叉骨 V 形，且具锁下突，具有较强的飞行能力。世界性分布。中国有中国鸟、华夏鸟、鄂托克鸟和始反鸟等。

◆ 与人类的关系

鸟类是大自然的组成部分，在维持生态系统的稳定性方面具有重要作用。鸟类的益处是多方面的，除了通过食物链与自然界发生广泛的联系之外，鸟类还以其秀丽的身姿，绚丽多彩的羽饰和婉转动听的歌喉为大自然增添了诗情画意。大多数鸟类在消灭农林害虫和害鼠方面有特殊的贡献，是保护和净化环境、维持生态平衡的积极因素。有些鸟类（啄花鸟、太阳鸟、蜂鸟等）嗜食花粉和花蜜，能传播花粉；有些鸟类（如星鸦、斑鸠、鸫等）能传播植物种子；绝大多数鸟类在生活史的不同阶段以昆虫为主食。

鸟类有时在局部地区可以造成危害，例如在机场附近可能发生的"鸟撞"；少数鸟类可传播人与家禽共患的传染病（如鹦鹉热）等。这些危害均可在掌握其诱因和危害途径的情况下予以防止。

鸟类起源

鸟类起源是指有关鸟类在地球上如何产生的理论。在有关鸟类起源的研究历史上，曾经产生多种不同的学说或假说，其中比较具有代表性的主要有 3 个：①"槽齿类"起源学说。主要以产于南非的小型假鳄类化石——派克鳄为原型，认为鸟类和其他一些主要的爬行动物均来源于大约 2.3 亿年前的一类原始的爬行动物——"槽齿类"。②鳄类的姊妹群假说。主要基于鸟类和鳄类有许多相似的骨骼形态构造而认为它们有较近的共同祖先。③兽脚类恐龙起源学说。认为鸟类来源于爬行动物中一支比较进步的类群——兽脚类恐龙。

"槽齿类"源于"槽齿目"，是出现于二叠纪晚期，繁盛至三叠纪结束的初龙类爬行动物。一般具有类似鳄鱼的形态，头较短且具眶前孔，具有齿槽是其主要特征。恐龙、鳄类及翼龙的祖先均包括在内。由于"槽齿类"不是单系类群，以及支序分类学的兴起，这一概念已经越来越少得到应用。该学说可以上溯到 19 世纪 70 年代，但在丹麦学者 G. 海尔曼的《鸟类起源》（1926）问世后才得以广泛传播。体形较小、长有锁骨的"槽齿类"动物——派克鳄是该学说的主要原型。但是随着新材料的发现，对该学说的质疑增多，如越来越多锁骨在兽脚类恐龙中被发现，且有的锁骨已经愈合为叉骨等。

鳄类的姊妹群假说提出较晚，首先由英国学者 A.D. 沃克于 1972 年提出，后又得到不断完善。相对于"槽齿类"学说，鳄类的姊妹群假说提出的鸟类祖先虽然也很原始，但是形象更加具体。该学说的主要原型动物是喙头鳄（一类发现于南非的 2.0 亿～ 1.7 亿年前的早侏罗世鳄形爬行动物）。主要基于喙头鳄和鸟类的脑颅、方骨、耳区、牙齿及跗骨等的相似性，提出鳄形动物和鸟类拥有最近的共同祖先。但是，通过对喙头鳄，特别是始祖鸟的方骨及头颅的更进一步分析，A.D. 沃克于 1985 年发表论文表明不再坚持该假说，但是他也不赞同兽脚类学说。

兽脚类恐龙起源学说的提出时间要早得多，1868 年首先由英国学者 T.H. 赫胥黎提出。但是由于很长一段时间缺乏有力的支撑证据，该学说在早期并不太为学界所认可。从 1970 年开始，由于美国学者 J.H. 奥斯特罗姆对恐龙及始祖鸟进行了大量细致的形态学工作，以及美国学者 J.A. 高蒂尔等人于 1980 年开始的化石爬行动物的支序分类学工作，使兽脚类恐龙起源学说得到越来越多学者的接受；特别是 1990 年开始在中国发现的大量带毛恐龙可以作为实证，更把该学说的可信度推到一个前所未有的高度。

在早期工作中发现始祖鸟和兽脚类恐龙驰龙类有如下主要共有衍征：耳区等头部的、肩带及腰带的、前肢特别是手部骨骼的，以及一些后肢部位的骨骼形态特征。在同为兽脚类恐龙的伤齿龙类和窃蛋龙类等其他类群中也发现更多的与鸟类类似的特征；其中一些曾经被认为是鸟类独有的特征越来越多地出现在兽脚类恐龙中，特别是一些较原始的兽脚类恐龙中，如骨骼变得轻薄，脚退化为 3 个主要脚趾，蹻趾时有高位等，使该学说日趋完善。

能把兽脚类恐龙和鸟类更紧密地联系在一起的最重要特征更应是羽毛，而不是上述骨骼特征。作为至少是脊椎动物中最复杂的皮肤衍生物，羽毛曾经是鸟类独有的鉴定特征，而大量长有羽毛恐龙的出土在很大程度上否定了上述论断。如果基于羽毛这种最复杂的皮肤衍生物在生命演化中只发生一次这种假设，那么羽毛就不再是鸟类本身的共有衍征，而是鸟类和部分演化程度较高的兽脚类恐龙的共有衍征。从这个意义上说，目前鸟类起源于兽脚类恐龙已经从一个假说或学说，转变成一个学界共识。当然，在一些枝节上，该学说还有许多需要完善的地方，例如演化程度较高的不同带毛恐龙间的确切系统关系，以及始祖鸟等早期鸟类间的确切系统关系等诸多问题。需要指出的是鸟类起源的问题不仅涉及羽毛等复杂皮肤衍生物的发生及早期演化这一难题，而且还涉及飞行的起源及早期演化等诸多难题。从这个意义上说，有关早期鸟类的研究（如鸟类起源及早期演化、羽毛起源及早期演化，以及飞行起源及早期演化等）还有许多问题亟待解决。

总之，基于现有化石证据，特别是共同长有羽毛这一特征，兽脚类恐龙学说比其他假说都更加具有说服力。当然，如果类似"长有真正的羽毛的恐龙是次生的鸟，而不是所谓的恐龙"这样的论断成立，那么在探讨鸟类起源的征途上将还要有很长的一段路要走。

旅　鸟

迁徙途中经过某一地区，不在此地区繁殖或越冬，只作短暂停留的候鸟，称为该地区的旅鸟。

例如，大滨鹬春天去俄罗斯西伯利亚繁殖，秋天返回澳大利亚越冬时在中国上海崇明东滩短暂停留，即为上海地区的旅鸟。旅鸟在迁徙途中所利用的栖息地，称为中途停歇地。

迷　鸟

迷鸟是指由于各种极端的气候等因素，在迁徙过程中偏离正常的路线，偶然出现在某一地区的候鸟。

例如，大红鹳偶见于北京；沙丘鹤有时会出现在山东黄河三角洲湿地；短尾贼鸥偶见于云南；赤嘴潜鸭分布于中国新疆、青海及内蒙古乌梁素海等处，冬季时偶尔在福州见到；普通秋沙鸭在中国西部和东北繁殖，在黄河以南越冬，而在中国台湾偶尔可以见到。一些鸟类之所以远离其正常的分布区，可能是狂风或其他异常气候条件造成的。

候　鸟

候鸟是指一年之中随着季节变化，定期地沿着比较稳定的路线，在繁殖区和越冬区之间迁徙的鸟类。又称迁徙鸟。

例如鹤类、鹳类、雁鸭类、鸻鹬类以及家燕、金腰燕、斑鸫、黄腰柳莺、白眉姬鹟、燕雀等雀形目鸟类。根据在某个地区出现的时间，可分为夏候鸟、冬候鸟和旅鸟等类型。其中，夏候鸟是春夏季在某个地区繁殖，秋季到较温暖的南方地区越冬，翌年春季又返回这一地区繁殖的候鸟，如黄鹂、四声杜鹃、红尾伯劳是中国北方地区的夏候鸟。冬候鸟是指冬季在某一地区越冬，翌年春季飞往北方繁殖，到秋季再次飞临这一地区越冬的候鸟。对该地区而言，称之为冬候鸟。例如，白鹤在西伯利亚繁殖，在中国鄱阳湖越冬，为中国的冬候鸟。旅鸟是迁徙季节途经某个地区或仅做短暂停留的鸟类。例如，红腹滨鹬在澳大利亚和新西兰繁殖，在北极的苔原上繁殖，春季迁徙期间经过中国的唐山沿海并进行短期停留和能量补给，是中国东部沿海地区的旅鸟。候鸟的划分因地区而异，同一种鸟在一个地区是夏候鸟，而在另一个地区则可能是冬候鸟。例如灰鸻在西伯利亚为夏候鸟，在澳大利亚则为冬候鸟，在中国丹东则为旅鸟。

留　鸟

留鸟是指终年留居于同一地区，不进行远距离迁徙的鸟类。

例如喜鹊、麻雀、大山雀、环颈雉、大斑啄木鸟等鸟类，一年四季在某个区域内觅食和活动，繁殖季节也是在这个区域内营巢、孵卵和育雏。由于留鸟的活动范围一般较小，因此，环境变化和人为干扰对其生存的影响较大。

麻雀

草地鸟类

草地鸟类是指栖息在草地生境的鸟类。

鸟类分布与各种栖息地条件（地貌、气候、植被、水文、土壤等）有着不可分割的关系。依据植被的种类和数量，自然栖息地可分出若干类型，地球表面鸟类栖息地分为 11 种主要类型，包括极地、苔原、高山区、针叶林、阔叶林、热带雨林、草原、荒漠、湖泊池塘与河流、海滨与沼泽、海洋。不同类型栖息地的鸟类表现出不同的适应方式，草原栖息地的鸟类大多都适应于奔跑，部分种类仍保有较强的飞行能力；通常集群性较强，常在地面营巢或利用地下洞；多数为食虫鸟或食草籽鸟，捕食性鸟类数量较少。

中国草地鸟类有 300 余种，主要包括栖息在湖泊及沼泽生境的雁形目游禽，鹤形目、鹳形目和鸻形目涉禽；栖息在草原及草甸生境的鸡形目、沙鸡目、鸽形目陆禽；栖息在草原、草甸、湖泊及沼泽等多种生境的鹰形目、隼形目、鸮形目猛禽；栖息在草地、灌丛与林地过渡地带的啄木鸟目、杜鹃目、夜鹰目、犀鸟目攀禽；以及栖息在多种生境的雀形目鸣禽，特别是百灵科、鹟科、鸦科、鹀科、雀科等鸟类。

草地鸟类多数种类会随季节变换进行有规律的迁徙，也有部分鸟类为留鸟。草地游禽、涉禽和猛禽，食虫鸣禽，以及杜鹃目、夜鹰目攀禽多在春季到达中国北方草地，冬季则南迁越冬。草地陆禽、食草籽的鸣禽，以及犀鸟目攀禽多为留鸟，冬季多数种类以集群的形式在草原上游荡。

草地鸟类是维持草地生态系统物质循环和能量流动的重要一环。食草籽或浆果的鸣禽及食茎叶的游禽为初级消费者，食虫的涉禽、攀禽、鸣禽为次级消费者，食肉的猛禽为顶级消费者。其中，猛禽作为顶级消费者，在控制草原害鼠方面具有重要作用，食虫鸟可以有效地调节草地害虫的种群数量，而植食性鸟类可推动草地生态系统的物质循环和能量流动。

鸟　卵

　　鸟卵是鸟产下的具石灰质硬壳、富有卵黄的大型羊膜卵。又称鸟蛋。

　　从水生到陆生是脊椎动物演化史上的重要事件。为适应在陆地环境繁殖，爬行动物演化出了羊膜卵。其外面包有一层革质或石灰质的蛋壳，以防止水分蒸发、机械伤害和细菌入侵；蛋壳表面有小孔，保证胚胎发育需要的气体通过。蛋壳内有由受精卵发育而来的胚胎，浸于充满羊水的羊膜腔内；卵黄囊体积最大，为胚胎发育提供营养；羊膜和绒毛膜之间有尿囊，上面有丰富的毛细血管，充当胚胎的呼吸器官，尿囊是胚胎的肾，收集代谢废物。鸟类作为爬行动物的后裔，它们的卵也是羊膜卵。

　　鸟卵的大小差异很大，一枚蜂鸟的卵重不到一克，而一枚鸵鸟的卵可以达 2000 克。鸟卵以一端大一端小的椭球形最为常见，鸻鹬类的卵两端大小差异最大，近似梨形，而鸠鸽的卵两端差异较小，近似椭球形，鸮类的卵则近球形。研究显示，鸟卵的形状与适应飞行的躯体结构有关。

　　鸟卵的颜色各异，以白色或近白色居多，例如蜂鸟、鹦鹉和翠鸟。鹭、鸬和一些鹃类产蓝色卵。卵壳上，特别在钝端常有深色的斑点或斑纹。鸟卵的色泽源于输卵管上皮分泌的色素，主要有黑色素和脂色素。前者产生黑、灰、褐、黄等颜色，后者产生红、橙、紫、绿等颜色。

有 3 种关于鸟卵的色泽进化的假说：①温度调节假说。认为卵表面的颜色具有防止胚胎遭受过度太阳辐射的作用。②天敌捕食假说。强调与周围环境一致而不易被天

鸟卵

敌发现，是卵色进化的动力。③巢寄生共进化假说。坚持寄生者和宿主之间的军备竞赛使得卵色进化。

雏　鸟

雏鸟是指受精卵在亲鸟孵化下，胚胎经历一定的生长发育，最后破壳而出的生命形态。

根据孵化后的发育程度，分为早成性雏鸟和晚成性雏鸟。早成性雏孵出时，眼睛已经睁开，全身被有稠密绒羽，有较好的体温调节能力，可跟随亲鸟离巢觅食，鸡形目、雁形目鸟类都属这一类。晚成性雏鸟孵出时，眼睛闭合，全身裸露或只有稀疏绒羽，后肢软弱无力，需要待在巢内，由亲鸟喂养一定时间后才能离巢跟随亲鸟活动，这包括了大多数的鸟类。此外，还有一些过渡类型，比如鸽形目鸥科的雏鸟，在形态上为早成性，也就是孵出后羽毛发育良好，但依然需要待在巢里由双亲喂养。

早成性雏鸟和晚成性雏鸟的发育模式不同。早成性雏鸟的卵通常比较大，卵内含有更多的营养物质，孵化期也更长，雏鸟出壳后能独立活动。但它们的发育状况却

雏鸟

不完善，体重占成鸟体重的比例很小，飞羽也未长出，需要经过更长的时间才能接近成体的体征。晚成性雏鸟由亲鸟直接提供食物，营养充足，发育迅速，离巢时体重接近或超过亲鸟，体羽也趋于丰满，离巢后具备飞行能力。

一般来说，在地面繁殖的种类多产早成性雏鸟，而树栖、岩栖种类多产晚成性雏鸟。从进化历史上看，产早成性雏鸟的鸟类处在进化树的基干，而产晚成性雏鸟的鸟类则位于更高的枝系。

鸟　巢

鸟巢是由亲鸟营造的、用以容纳卵和雏鸟并为其提供保护的载体。在脊椎动物演化进程中，鸟类发展出一系列有利于其后代存活的繁殖策略，包括筑巢、孵卵和育雏。

鸟巢的位置和结构在物种间变异很大。许多鸡形目、雁形目鸟类的巢，只是由雌鸟在地面上刨的一个浅坑，这种结构简陋的巢应当与其早

成性雏鸟不需要长时间待在里面有关。雀形目的巢常隐藏于高大的树冠里或稠密的灌丛中，构造精巧。一些水鸟，例如鸊鷉把巢建在水面上。啄木鸟和蜂虎能分别在树干和土壁上打洞，并把巢放在洞里，被称为初级洞穴繁殖者；而其他鸟类例如麻雀和大山雀，能利用天然或人类建筑物的缝隙营巢，被称为次级洞穴繁殖者。大多数鸟类种群中不同个体的巢常保持一定距离，也有些物种，例如海鸟结群营巢。在非洲干旱平原上，一棵小树或灌木上可以容纳几十对织雀的巢。

鸣禽筑巢的材料十分丰富，将植物茎和须根以及叶片、蛛丝、泥土、唾液等，用在巢外周，起到定型、连接和加固的作用，将柔软草茎、苔藓地衣和羽毛兽发垫在里面，有保温的作用。

筑巢是鸟类的一种先天行为，也就是不经过学习就具备的本能。鸟巢的基本功能是用于繁殖而不是用于夜宿，所以繁殖结束后它们就会被舍弃，鸟类在下一个繁殖季节重新建造鸟巢。也有一些大型鸟类和猛禽，每年将旧巢加以修整后继续使用。并非所有的鸟都筑巢，杜鹃就把卵产在别的鸟种的巢里，让宿主代为抚育后代。

鸟巢

鸟类身体结构

喙

喙是鸟类头部前端的取食器官。

鸟类的上下颌骨及鼻骨显著前伸，其外套由致密的角质上皮所构成。在大小、形态及力量上因食性差异而有显著变化。鹰、隼及鸮类的喙锐利钩曲，适合撕碎猎物。雁鸭类的喙扁平，两侧具有滤水的栉缘。食种子的鸟类喙较粗短并具锐利的切缘，利于切割和压碎食物。食鱼的鸟类喙长而尖直，例如翠鸟、鹭类。秋沙鸭与鸬鹚潜水捕鱼，其喙长而侧扁，上喙先端呈钩状，边缘具锯齿。啄木鸟的喙强直而呈凿状，可以凿穿树皮取食隐藏的昆虫。

鸻鹬类在浅水或泥沙中觅食无脊椎动物，其喙的长度与弯曲度变化较大，反映了取食深度的差异。鸻类一般喙较短，常啄食泥沙表面的食物；红脚鹬喙长中等，取食于泥沙上层；只有喙较长的塍鹬、杓鹬等能取食于泥沙深层。蜂鸟等以花蜜为食的鸟类喙通常细而长，其长度与弯曲度的差异反映了花朵类型的不同。在空中飞捕昆虫的鸟类，例如家燕、雨燕、夜鹰、鹟类，喙短、基部宽阔。交嘴雀的上下喙先端交叉，适于剥食松果，啄食松子。剪嘴鸥下喙比上喙长，觅食时紧贴水面飞行，嘴张开并将下喙插入水中分水，从而感知和获取食物。火烈鸟专食藻类，喙的形态和取食方式极为特化，喙缘满布用于滤食的毛状角质板，觅食时将喙倒插于水中左右晃动，喉部与舌做规律性的运动抽送水流而滤食。犀鸟的喙适应压碎坚果而具有高度特化的结构。一些鸟类的喙在两性间差异明显。

咬力的大小是反映喙力量的重要指标，取决于颌肌的发达程度、头骨与喙的形态等。因此喙宽而高的种类可以嗑开坚硬的种子。隼类主要依靠喙对头颈部的有力啄击置猎物于死地。

翼

翼是由骨骼、肌肉及羽毛共同构成的鸟类的飞行器官，是鸟类前肢的简称。

翼骨分为3部分，即上臂、前臂和手部。肱骨粗壮，构成上臂。近乎平行排列的桡骨和尺骨组成前臂，桡骨在前、尺骨在后；尺骨较粗，其后缘可见一列骨质突起，称为次级飞羽突，为次级飞羽的附着处。手部骨骼（腕骨、掌骨和指骨）的愈合和简化，使翼部骨骼成为一个整体，扇翅有力。腕骨仅余两枚，其余消失或与掌骨愈合形成腕掌骨。现代鸟类指端大多无爪。手部骨骼后缘为初级飞羽着生处。

翼肌的组成复杂，完成屈、伸、升、降、旋、展、收等功能，根据起止点的位置差异，将翼肌分为外生肌和内生肌。外生肌的起点在翼骨以外，止点在翼骨近端，使翼相对于躯体产生整体运动。鸟类发达的外生肌为胸大肌和胸小肌，在善飞的种类中，其重量可达体重的1/3。

蜂鸟和企鹅的胸小肌特别发达，以蜂鸟为例，胸小肌的重量是胸大肌的一半，占体重的11.5%。内生肌起自翼骨近端，止于翼骨远端，产生局部运动。由翼近端到远端，内生肌发达程度锐减，可以降低转动惯量，节约能量。远端内生肌的止点腱通常较长，可以增强运动效能。企鹅通过桨状翼在水下快速划动、潜水；研究发现其拥有全部的外生肌，以对翼做整体调控，内生肌退化，变为肌腱或完全消失，翼内关节灵活性差。绿头鸭、针尾鸭、绿翅鸭等非潜水性鸭类，胸大肌及胸小肌远较潜水性鸭类发达，故可从水面直接垂直起飞，无须"助跑"。

上下两面各有一系列小型羽毛（覆羽）覆盖在翼本体及飞羽基部，使翼呈现后薄前厚、背凸腹凹之态，能产生最大的升力阻力比，有利于升空。初级飞羽构成外翼（翼端），多数鸟类具有10枚，鹳类、火烈鸟、鹈鹕11枚。次级飞羽构成内翼，其数目变化较大。

鸟类的飞行速度、灵活性、飞行方式以及能耗等取决于翼的大小和形态，因而有多种翼型的分化。常见有以下4种：①椭圆形翼。翼短而宽，展弦比（翼长与翼宽的比率）小，翼端圆形，初级飞羽间翼缝明显，具有较高的机动性，适于在林中穿梭飞行，见于鸡形目、鸽形目以及大多数雀形目鸟类。②狭长形翼。翼端呈尖形，初级飞羽间不具翼缝，展弦比较大，适于在空旷地带疾飞，机动性差，例如隼类、燕子、雨燕等。③极狭长形翼。翼极为狭长，展弦比高达25，可持续动态翱翔，例如信天翁类。④长圆形翼。以展弦比高、翼缝显著为特点，可利用上升气流长时间盘旋，例如鹭类、雕类等大型猛禽。翼负载即体重与翼表面积的比值（单位为克/厘米^2），与飞翔耗能有关，潜鸟、鹈鹕、海鸦、潜水性鸭类因其较高的翼负载（厚嘴崖海鸦为2.6克/厘米^2），必须在水上扇动翅膀"助跑"一定距离，方能获得足够的升力起飞；大多数雀形目鸟类，翼负载较低，仅为0.1～0.2克/厘米^2，较低的耗能使它们可以频繁起降并能迅捷灵活地飞翔。

鸟 腿

鸟腿是支撑鸟类身体以及完成站立、行走、奔跑、跳跃、游泳等运动功能的主要躯体结构，是鸟类后肢的简称。

鸟类起飞和降落过程中也需要腿的辅助。鸟腿骨骼发生的变化主要在小腿和足部。小腿的腓骨退化成刺状位于近端，胫骨长而强壮并与近端的跗骨愈合为胫跗骨。足部骨骼包括跗骨、距骨和趾骨。大多数鸟类具有4趾，趾端具爪；三趾向前、一趾向后（为蹞趾或第一趾）。

后肢骨骼的结构特点使鸟类站立时重心落在双脚，不会前倾或后仰。涉禽类通常具有长腿，胫跗骨和跗跖骨长度近乎相等，保证了蹲伏和孵卵时重心的稳定。一些游泳的鸟类（如雁鸭类）及通过后肢驱动潜水的鸟类（潜鸟、鸊鷉等），腿的位置比较靠后，虽不利于上陆后的平衡，但游泳、潜水能力更为出色。为适应于不同的生活环境与生活方式，鸟类有不同的趾型和蹼型的分化。

腿部肌肉主要集中在大腿和小腿部，对保持重心稳定、维持运动平衡很有意义。足部缺乏肌肉，脚趾的活动通过相关肌肉形成的长肌腱进行远距离操控，其中弯曲脚趾的主要肌肉是趾长屈肌和蹞长屈肌，以及第二、三、四趾的浅屈肌等；而伸展脚趾的主要力量来自趾长伸肌。上述屈肌与伸肌的起点和肌腹分别位于小腿的后面与前面，相应的止点腱从跗间关节的后面与前面穿行而过，继而沿跗跖骨后面和前面下行，附着在脚趾的腹面与背面。当鸟栖于树枝上时，由于体重的压迫和腿部关节的弯曲，导致伸肌肌腱松弛，屈肌肌腱拉紧，在肌肉并未收缩耗能的情况下，鸟类可自动地抓紧树枝不致坠落。

鸟　足

鸟足是指鸟腿前端支持站立和行走的器官。

鸟类的足比较特化，愈合和变形现象明显，一般分为跗跖部和趾部两部分。跗跖部的骨骼为一显著加长的跗跖骨。跗跖部缺乏肌肉，仅有几块微小的足部内生肌对脚趾进行细微调控。大多数鸟类的跗跖部不长羽毛，代之以角质鳞；鳞的形态与排列是鸟类分类的依据之一，包括小型多角的网状鳞、大型横列的盾状鳞以及整片状的靴状鳞。一些鸡形目鸟类跗跖部后缘具有角质突起，称为距。一般雄鸟的距发达，多成圆锥状，随跗跖骨的增长而不断加长，直至器官发育成熟，是求偶及性选择的特征性结构；雌鸟的距常保持幼体状态。

鸟类大多具有4趾，即外趾（第四趾）、中趾（第三趾）、内趾（第二趾）和后趾（第一趾）。根据其排列的不同，分为以下趾型：①常态足。或称不等趾足。4趾中，3趾向前，1趾向后，见于鸡形目、鸽形目、隼形目等。②对趾足。第二、三趾向前，第一、四趾向后，例如啄木鸟、杜鹃、鹦鹉等。③异趾足。第三、四趾向前，第一、二趾向后，见于咬鹃。④并趾足。似常态足，但前3趾基部有不同程度的并和现象，见于佛法僧目鸟类。⑤前趾足。4趾均向前，见于雨燕目。⑥离趾足。脚趾3前1后排列，后趾强大，前3趾基部清晰分离，适于树栖握枝，见于大多数雀形目鸟类。趾型是鸟类分类的重要依据之一。

生活于水中或水边的鸟类，脚趾间常连以蹼膜。根据蹼膜的发达程度和形态，分为以下5种类型：①蹼足。或称满蹼。前三趾间连以发达的蹼膜，例如雁鸭类。②凹蹼足。与蹼足相似，但各趾间的蹼膜显著凹入，如鸥类。③半蹼足。前趾间仅在基部有蹼膜存留，见于鹭类、鹬类等。④全蹼足。4 趾间连以发达的蹼膜，见于鹈形目，如鹈鹕、鸬鹚、鲣鸟等。⑤瓣蹼足。各趾两侧均有瓣状蹼膜，但未连接成一整体，如䴙䴘目鸟类。

鸟 尾

鸟尾是指由尾椎、肌肉、尾脂腺及尾羽等构成的位于鸟类身体后部的器官。

在尾基背部的皮下，分布有鸟类唯一可见的大型皮肤腺——尾脂腺。尾脂腺一般分为左右对称的两叶，分泌物主要为油脂，一些鸟类还拥有含有维生素 D 的前体麦角甾醇，通过喙的涂抹对羽毛和角质鳞起到保护和营养作用。水鸟的尾脂腺发达，鸵鸟目、鹤鸵目、鸨科、蟆口鸱科等鸟类缺乏尾脂腺。研究证实，尾脂腺分泌物还具有化学通信功能。雄鸟尾脂腺分泌物中十八醇、十九醇、二十醇的比率显著高于雌鸟，并对雌鸟有明显的吸引作用，组成了雄性信息素。

鸟类尾椎退化，有助于重心集中、保持平衡。鸟类发育过程中，除近端的尾椎参与构成愈合荐骨、远端若干尾椎愈合为尾综骨外，尚有 5～8 枚能自由活动的尾椎。尾部的主要结构是附着在尾综骨上的尾羽，它在鸟类飞行和降落时发挥了舵的作用。尾羽数目多为 12 枚，雁鸭类与松鸡 18 枚，鹬类 24 枚。居中的一对尾羽称为中央尾羽，其余的尾羽为外侧尾羽。尾羽的升降、开合等由数块尾肌控制。

根据中央尾羽与外侧尾羽的长度差异，把鸟类的尾分为如下三大类八小类。

中央尾羽与外侧尾羽长短相等，这样的尾型称为平尾，如鹭类。

中央尾羽较外侧尾羽长，根据长短相差的程度划分为：①圆尾。长短相差不显著，如八哥。②凸尾。长短相差较大，如伯劳。③楔尾。长短相差更大，如啄木鸟。④尖尾。长短相差极大，如蜂虎。

中央尾羽较外侧尾羽短，根据长短相差的程度划分为：①凹尾。长短相差甚少，如沙燕。②叉尾。长短相差较显著，如发冠卷尾。③铗尾。长短相差极显著，如燕鸥、家燕。

羽 毛

羽毛是鸟类特有的表皮的角质化衍生物。

羽毛被覆在体表，质轻而韧，略有弹性，具防水性，是鸟类飞翔器官的重要组成部分。体羽柔软、服帖，而且自前向后呈覆瓦状排列，使鸟类具有流线型外形，大大减少了飞行的阻力。羽毛还是一个高效能的体温调节器，通过对羽根基部肌肉的神经调控，改变羽毛的位置和方向，可以调节体温。大多数鸟类的羽毛具有颜色、斑纹等装饰，对个体识别、求偶炫耀、保护等方面具有重要作用。

羽毛分为正羽、绒羽和纤羽3种主要类型：①正羽。在鸟体的表面可见，在翅、尾部特化成大型的飞羽和尾羽。由羽轴和羽片构成。②绒羽。位于正羽下方，羽干短细或缺失，羽小钩不发达，因而成蓬松的棉花状，构成身体的隔热层。③纤羽。也称毛羽，散在正羽和绒羽之间，是退化了的正羽。羽轴细长如毛发，仅在羽干顶端有少许羽枝和羽小枝。

大多数鸟类的羽毛只着生在身体的一定区域，称为羽区；鸵鸟、企鹅的羽毛在体表均匀分布。鸟体不同区域羽毛的密度和数目各不相同，头颈部羽数最多、尾部和腿部羽数最少。不同鸟类羽毛的数量相差很大。游禽的羽数远较其他鸟类为多，例如斑嘴巨鹱鹱羽数为 1.5 万，小天鹅达 2.5 万，绿翅鸭和针尾鸭分别为 11450 和 14914。

羽毛的颜色分为色素色和结构色两种类型。色素色是由于羽枝和羽小枝内沉积的黑色素与脂色素的多少与不同配比形成的色彩变化；结构色是由于羽毛上皮表面的物理结构、复杂的凹凸沟纹、羽小枝内的微小颗粒、气腔等对光线所起的折射和干涉作用而产生的色彩变幻，造成鸟类羽毛具金属光泽以及可随不同视角而变化的辉亮色泽。

羽毛的定期更换称为换羽。大多数鸟类的成鸟每年换羽 2 次，秋季换羽时羽毛全部更换属于完全换羽，春季换羽为局部换羽，个别鸟种（如雷鸟）的雌性每年换羽 3 次，雄性换羽 4 次。鸟类对羽毛常加洗浴，抖掉羽毛间的尘埃，并用嘴梳整，也常啄尾脂腺分泌的油脂涂抹全身羽毛。

气　囊

气囊是指鸟类独有的由中支气管和次级支气管伸出肺外，末端膨大成膜质囊的结构。

气囊是构成鸟类的辅助呼吸系统。气囊由 1 ～ 2 层细胞构成，有少量结缔组织和血管，缺乏气体交换功能。大多数鸟类具有 9 个气囊，一些鸟类比较特殊：织雀有 6 个气囊，潜鸟和火鸡 7 个，鸬鹚类和鹳类则有至少 12 个。除锁间气囊为单个的之外，均系左右成对。分布于内脏器官之间，还有分支伸入肌肉间、皮肤下和骨腔内。颈气囊分支的侵入导致颈椎的充气现象；肩带与翼骨内的气腔来自锁间气囊的分支；腰带、愈合荐骨以及腿骨的充气现象均由腹气囊造成。军舰鸟和艾草榛鸡的颈气囊发达，大量充气可形成雄鸟求偶炫耀用的红色或皮黄色喉囊。

气囊的发出部位决定了其内气体的成分。与中支气管相连通的是后气囊，包括腹气囊和后胸气囊，其内贮存的是新鲜气体；与次级支气管中的腹支气管相连通的是前气囊，包括颈气囊、锁间气囊和前胸气囊，其内为富含二氧化碳的废气。气囊系统是鸟类进行双重呼吸必不可少的结构基础。吸气时，新鲜气体沿中支气管一部分直接进入后气囊，一部分经次级支气管和三级支气管到达微支气管处进行气体交换，富含二氧化碳的废气临时贮存于前气囊中。呼气时，前气囊中的气体通过气管排出体外，贮存于后气囊中的气体通过"返回支"进入肺内进行气体交换。气流标记实验发现，一股吸入的空气要经过两个呼吸周期才能全部排出体外。气囊除辅助鸟类进行双重呼吸外，还具有减轻身体比重、减少肌肉以及内脏间的摩擦、散热的重要功能。此外，锁间气囊包围着鸟类的发声器官——鸣管，气囊的压力可以推动鸣膜向气管腔内凸出，在气流通过时振动发声；若刺破锁间气囊，会造成鸟类失声。

骨　骼

骨骼是鸟体内由软骨和硬骨共同构成的一类系统。

鸟类骨骼由中轴骨骼和附肢骨骼共同组成，前者包括头骨、脊柱、胸骨和肋骨，后者包括带骨和肢骨。鸟类骨骼主要作用是支撑身体、保护内脏器官，以及与骨骼肌共同构成运动器官。鸟类的骨骼系统既轻便又牢固，适应于飞翔生活。发育过程中气囊的侵入，使骨壁变薄并形成海绵状腔隙，解决了轻便问题（白头海雕骨骼共272克）。骨骼的广泛愈合保证了其牢固性。

颅骨愈合形成一个整体，颅腔与眼眶的扩大反映了脑与视觉器官的高度发达；上、下颌骨极度前伸，覆以角质鞘共同构成喙，是鸟类的取食器官；现生鸟类均无牙齿，是对减轻体重的一种适应，牙齿的功能被形态各异的喙所取代和弥补。

鸟类脊柱分为颈椎、胸椎、腰椎、荐椎、尾椎5部分。颈椎数目多、椎体呈马鞍形、活动性大，可以带动头部灵活转动达180°，甚至270°（鸮类）。胸椎5～10枚，与肋骨相连；最后的2～3枚与全部的腰椎、荐椎以及部分尾椎愈合形成鸟类特有的荐综骨（愈合荐骨），使躯体缩短且牢固性增强，有利于维持身体平衡。尾椎退化，最后几枚尾椎愈合形成尾综骨以支撑尾羽。

鸟类胸骨发达，为胸大肌和胸小肌的主要附着点。除平胸总目外，所有鸟类均在腹中线具有龙骨突。肋骨由背方的椎肋和腹面的胸肋构成，二者皆为硬骨。椎肋的后缘具有钩状突，搭在后面相邻的椎肋上，增强了胸廓的牢固性。

鸟类肩带由肩胛骨、乌喙骨和锁骨构成。乌喙骨粗壮，一端与胸骨形成关节，另一端通过肩臼与肱骨关联，构成对前肢的有力支撑。左右锁骨愈合形成鸟类特有的V形叉骨，可避免飞翔时左右肩带的碰撞。前肢特化为翼，是飞翔的重要器官。

鸟类腰带宽大，由髂骨、坐骨和耻骨组成。同侧的髂骨、坐骨和耻

骨愈合并和荐综骨愈合
形成骨盆，加强了腰带
的牢固性，有利于后肢
负重。绝大多数鸟类的
左、右坐骨和耻骨不在
腹中线愈合，而向侧后
方伸展，形成开放式骨
盆，与产大型硬壳卵有

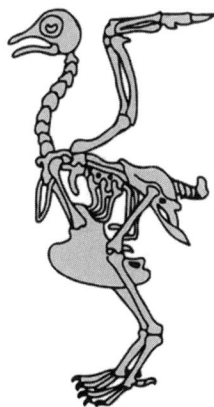

鸟类及其骨骼

关。后肢骨骼与肌肉共同组成腿部，可以有效地支撑躯体，完成步行、
奔跑、游泳等运动，在起飞和降落过程中也发挥了重要作用。

鸟　鸣

　　鸟鸣是绝大多数鸟类能发出各种的音调和节奏的鸣叫。鸵鸟、兀鹫
的鸣管很简单；鹑鸡具有完整的鸣管，但缺乏振动管膜的鸣肌，所以还
不能调节鸣声；亚鸣禽有 2～3 对鸣肌，鸣禽有 4～5 对鸣肌，使鸣管
中的半月形鸣膜回旋振动，发出千差万别的鸣声。各种鸟类都有独特的
鸣声，而在同种鸟类的雌雄之间，成鸟与幼鸟之间，繁殖期与非繁殖期
之间，鸣叫声也各不相同。

　　鸟类的鸣叫主要有鸣啭和叙鸣两种类型。鸣啭由性激素控制，是繁
殖期的一种求偶行为。例如：四声杜鹃在树林中连声鸣啼，通宵达旦；
短翅树莺在树枝上昂首高鸣，经久不息；锈脸钩嘴鹛、扇尾莺两性对唱，
音韵悦耳。鸣啭基本上是雄鸟的功能，但有些雌鸟孵化时也不停地鸣啭。

叙鸣为鸟类日常的叫声。依传递信息的要求和环境条件的变化，又可分为呼唤声、警戒声、惊恐声、寻群声等，与取食、集群、迁徙，对捕食者的反应有关。例如雉类的群体分开时，常用特殊的集合的鸣叫；晚成性雏鸟在饥饿时发出一种明显的鸣声，在温饱时发出柔和的音调；红嘴相思鸟的鸣声与画眉相似，婉转悦耳，呼唤声像柳莺，警戒声像山雀，短促粗砺。

许多鸟类还可以效仿其他动物的叫声、器物的音响，甚至人类的简单语言。中国有30多种效鸣的鸟类，如百灵、画眉、白头鹎、沼泽山雀、蓝点颏、红点颏、八哥、鹩哥、鹦鹉等。效鸣的鸟类对于学来的人类简单语言并不理解，仅仅表明它们具有较高的发声和学习能力。

鸟类习性

鸟类通信

鸟类通信是指鸟类个体之间的信息传递过程。

鸟类通信方式多种多样，包括视觉通信、听觉通信、化学通信、触觉通信等，其中最重要的方式是用鸣声所进行的声音通信。鸟类鸣声包括鸣叫和鸣唱，鸣禽类的鸣声最为复杂。

◆ 声音通信

鸣声是鸟类，特别是鸣禽间进行信息传递的有效方式之一，在种内个体间的交流、求偶、攻击和警戒等方面起着非常重要的作用。鸟类鸣声由鸣管发出，可分为鸣叫和鸣唱两种类型，鸣叫通常简单而短促，且雌雄个体全年均会鸣叫；而鸣唱相对来说比较复杂且具有一定的节奏性，一般由雄鸟发出，多发于繁殖期。

鸣声作为鸟类的"语言"，不同的鸣声具有不同的行为学意义。鸣声结构的复杂性和多样性既具有种属特征，也存在普遍的种内种群间差异（类似人类的方言），甚至是个体间差异，并且在鸟类的整个生活过程中发挥着重要作用。鸟类鸣声除具有个体间识别作用外，还具有报警、驱赶入侵者、吸引配偶、保卫领域等作用。首先是个体识别，鸟类不仅能依靠种的特有外貌和鸣声来识别家族成员，而且还能利用鸣声差异来识别邻居、配偶和其他家庭成员。其次是寻求配偶，许多雄鸟在繁殖期通过鸣唱向雌鸟传递求爱信息，吸引雌鸟的注意。再次是宣示领域，许多动物都有自己的生存空间范围，鸟类也一样，鸣禽往往通过鸣声示意其他鸟种，此领域为自己所有，其他种群不可进入，一旦进入将受到驱逐攻击。此外，在发现食物、受到惊吓、相互争斗、遇到天敌和危险等情况下也会发出鸣声。在不同的情况和环境下，鸟类的鸣声类型、鸣叫时长、鸣声频率和次数等均有显著的差异，研究鸟类的鸣声对于了解鸣声通信、种群结构及种属分类有重要意义。

◆ **视觉通信**

炫耀是鸟类最常见的视觉通信现象，常用于求偶和领地守卫，通过展示其鲜艳的羽毛、羽饰等特殊结构或特定舞姿实现。许多鸟类的炫耀行为都是仪式化的，且是刻板不变的。另一种比较常见的视觉通信形式是仪式化飞行。仪式化飞行具有较强的物种特异性，因为夸大某些动作可以更好地展示本种特有的色型。

◆ 其他方式

有些鸟类通过其他声响而非鸣声来进行通信。例如，啄木鸟用喙敲击树干，发出像击鼓一样的响声，与在树木上寻找昆虫或凿掘洞巢所发出的声音并不相同。击鼓声是啄木鸟的一种炫耀方式，类似于鸣禽的炫耀鸣唱。雄性披肩榛鸡通过快速扇翅而发出一种低沉的击鼓声，这种声音可以传出很远，也起到一种炫耀鸣唱的作用。鹳类的雌鸟和雄鸟在求偶期间，则上下喙互击而发出咔嗒声。

鸟类繁殖

鸟类繁殖是指鸟类繁衍后代的生物学特性，是绝大多数种类具有明显季节性并伴有复杂行为的过程。一般由发情、占巢、求偶、筑巢、产卵、孵化、育雏等多个行为组成，周而复始。

性成熟后，大多数鸟类在光周期的刺激下，下丘脑分泌的促性腺激素释放激素作用于脑垂体，促进垂体前叶分泌促性腺激素，最终促使性腺迅速发育而引起繁殖前的发情。也有部分鸟类在诸如食物等因素的刺激下进行随机繁殖。发情末期或结束时，大多数种类的雄鸟便占据并守卫一定的领域（或称巢区），以满足其繁衍和生存需要。少数种类的雄鸟会聚集成求偶场，集中进行求偶展示。

占据领域后，大多数种类的雄鸟便通过复杂、多样的求偶炫耀行为，如歌唱、舞蹈、展示装饰物或格斗吸引异性，完成配对交配。鸟类的配对关系多种多样，在特殊情况下，可以从一种配对关系转变为另一种，且配偶关系持续的时间长短也不同。配对关系一般分为一雄一雌的单配制，一雄多雌或一雌多雄的多配制，以及多雌多雄的混交制。

　　鸟类在领域内配对以后便根据各自的生活方式、取食地点、环境条件等选择合适的筑巢地点，除䴙䴘等少数鸟类在水面营浮巢外，大多数鸟类都在陆地上筑巢。鸟类筑巢一般使用树枝、草、苔藓和地衣等植物性材料，羽毛、兽毛、骨骼和唾液等动物性材料，以及泥土、石块和人工制品。一般是雄雌鸟共同筑巢，少数种类由某一个性别个体负责。鸟类多数种类进行单独营巢，少数种类进行集群营巢。

　　配对和营巢结束后，鸟类便开始产卵。繁殖地所处的地理位置，光照、温度、湿度、降水等气候条件，食物资源的丰富程度，以及雌鸟年龄等均会影响鸟类的繁殖。一般认为鸟类会产出其所能养育的最大数量的卵。绝大多数鸟类自己孵卵育雏，也有少数种类将卵产在其他鸟类的窝巢中，营寄生性繁殖，如杜鹃。

　　雏鸟出壳后便进入育雏期。根据新生雏鸟是否具有独立的条件和功能潜力，分为早成型和晚成型两种基本发育类型，两个极端型中间还存在一系列过渡类型。多数鸟类为双亲抚育雏鸟，少数为单亲抚育雏鸟。也存在两个以上的家族成员在繁殖期共同照料同一窝幼鸟的合作繁殖现象。育雏结束后，留鸟会继续留在繁殖地，而候鸟则迁飞到其他地区。

合作繁殖

　　合作繁殖是指在同一种群内，一些性成熟的个体放弃自己的繁殖机会而援助其他个体繁殖的自然现象。

　　全球 1 万多种鸟类中，估计有 9% 的种类表现出这种行为。鸟类合作繁殖的具体形式在不同物种间差异很大。常见的鸟类合作繁殖形式为成长以后的后代延迟扩散，在自己的出生领域内帮助双亲养育其后代，典型的代表是青藏高原的地山雀。另一些物种如长尾山雀，其帮助者来自种群中繁殖失败的个体。

帮助者的性别以雄性居多。但在一些物种中，两性均参与帮助。大多数情况下，帮助者与被帮助者是亲属关系。因此，"亲属选择理论"认为，帮助者通过提高亲属的繁殖力，间接地传递了自己的基因，为这种看似利他的行为悖论找到了合理的进化解释。

事实上，帮助者获得的间接适合度利益很少能够抵偿其放弃独立繁殖的代价。因此，帮助者总是在帮助后继承家族领域，或占据家族领域的一部分而实现自己独立繁殖，因而这一行为是在繁殖机会受到限制时采取的一个最佳行为策略。

由此，人们提出了"生态限制假说"来解释帮助行为的进化。该假说认为，当种群中一些个体的独立繁殖机会受到领域、食物、巢点或配偶限制时，它们被迫采取帮助的策略。此外，其他的直接利益。

鸟类节律

鸟类节律是指鸟类行为随着地球、太阳、月亮等天体的运行，发生周期性变化，以适应日变化、季节变化和月相变化的现象。鸟类长期适应自然生活环境的结果。

动物主要通过对环境变化做出直接反应或者借助内在节律保持生理和行为与环境周期同步。鸟类最明显的节律行为是昼夜节律和季节性繁殖与迁徙。

根据鸟类昼夜活动强度，可以将其划分为：①昼行性鸟类。主要在昼间活动，如大多数鸣禽。②夜行性鸟类。主要在夜间活动，如鸮形目鸟类。③晨昏性鸟类。在清晨和黄昏比较活跃，中午较为安静，如夜鹰目鸟类。鸟类的昼夜节律主要靠生物钟维持，生物钟的周期约为 24 小时。研究表明，鸟类的生物钟是内源性的，由自身遗传、生理等条件决定，但依赖周围环境的光－暗周期予以校正。生物钟通常不受环境温度影响。

鸟类长期节律，包括季节变化、繁殖期变化和年度变化，大多受光照周期的诱导，有时还受温度、食物等因素的影响。

鸟类迁徙

鸟类迁徙是指每年在特定季节，鸟类在繁殖地与越冬地之间有规律地进行大规模移动的现象。

鸟类迁徙的主要特点是定时、定向和群体性活动，主要发生在春、秋两季，大多数为南北方向的运动，迁徙时往往结成较大的飞行群体。鸟类迁徙距离长短不一，主要取决于繁殖地与越冬地之间的距离。有些种类，两类栖息地之间的距离长达上万千米，有些种类只有几千米或几十千米。其中，迁徙距离最长的鸟类为北极燕鸥，每年往返于北极的繁殖地与南极的越冬地之间，总飞行长度可达 9 万千米。高度因种而异，一般小型鸣禽迁徙高度小于 300 米，大型鸟类飞行高度为 1000～6300米，天鹅、斑头雁、黑颈鹤迁徙时甚至可以翻越喜马拉雅山。

鸟类迁徙期间的能量消耗主要依赖于体内储存的脂肪。短距离迁徙的鸟类可以连续飞行，依靠体内积累的能量完成整个迁徙之旅；长距离迁徙的鸟类在迁徙途中需要停歇取食，以补充飞行的能量。候鸟迁徙过程中具有精确的导航定向能力，其定向机制主要有太阳定向、星辰定向、地标定向、地磁场定向等多种方式，具体原理尚未搞清。

各种鸟类迁徙具有稳定的路线，大多数鸟类迁徙途径的路线，称之为鸟类迁徙通道（flyways）。全球主要有9条候鸟迁徙通道，3条途经中国。其中，东亚—澳大利亚候鸟迁徙通道覆盖中国东部和中部的大部分地区，中亚—印度迁徙通道涵盖中国西部省区，西亚—北非迁徙通道主要涉及中国新疆。这3条通道之间并不完全独立，彼此间存在交叉和重叠。

早期对鸟类迁徙的研究主要通过鸟类环志。后来彩色标记、无线电遥测、卫星追踪、稳定性同位素标记等技术手段得到采用。通过鸟类环志、彩色标记和卫星跟踪等研究结果表明，候鸟在中国与亚洲、非洲、欧洲、美洲、大洋洲等20多个国家和地区间存在迁徙交流。研究人员利用光敏定位器（geolocator）追踪北京雨燕的迁徙路线，发现其繁殖地在北京，越冬地在非洲的纳米比亚，全年迁徙距离约为3.8万千米。

第2章
主要的鸟类

佛法僧目

三宝鸟

三宝鸟是佛法僧目佛法僧科三宝鸟属仅有的一种。三宝鸟分布于日本南部、印度东部、中南半岛、大洋洲和太平洋岛屿。在中国，从东北南部起，西至贺兰山、峨眉山，南至云南南部、广西南部及福建均有分布，在广东为留鸟。

◆ 形态特征

三宝鸟全身呈纯暗蓝绿色；肩羽鲜亮而微呈蓝色；翅上有一道显著的翠蓝色横斑，展翅时更明显，似镶嵌一块宝石；尾呈黑色；下体色较淡，为蓝绿色，愈向后羽色愈淡；嘴和脚呈鲜艳的朱红色。

◆ 生物学习性

三宝鸟栖息于林间空地，经常停息在树顶小枝上；有时高翔空中或飞落地面寻食，飞翔时左右颠簸不定，很易识别。主要以金龟甲、蝽象、天牛、象甲等虫类为食，是农林业的益鸟。此鸟不自营巢，在树洞筑巢，有时利用喜鹊的旧巢或抢占鹊巢。每窝产卵 2 ~ 5 枚，卵呈白色。三宝鸟为雌雄共同孵卵型鸟类。

犀鸟

犀鸟是佛法僧目犀鸟科鸟类的统称。犀鸟是善于攀缘的并趾型鸟，其外趾和中趾基部有 2/3 互相并合，中趾与内趾基部也有些并合；嘴形粗厚而直，嘴上通常具盔突。世界有 9 属 57 种。

犀鸟广泛分布于非洲中南部、印度、中南半岛、大洋洲和太平洋群岛，为典型的热带森林鸟类。中国有 4 属 5 种：冠斑犀鸟、白喉犀鸟、棕颈犀鸟、花冠皱盔犀鸟及双角犀鸟，仅见于云南南部西双版纳地区和广西西南部。

犀鸟每年入春后 5 ~ 6 个月由群居转为成对，选择高大树干距地在 15 ~ 35 米处的天然腐朽或白蚁侵咬的洞穴为巢。犀鸟繁殖习性很特殊，雌鸟选好巢址后，在洞底铺一层碎木屑，就在洞内产 1 ~ 4 枚纯白色的卵；产卵后蹲在巢内不再外出，将自己的排泄物混着种子、朽木等堆在洞口。雄鸟则从巢外频频送来湿泥、果实残渣，帮助雌鸟将树洞封住。封树洞的物质渗有雌鸟黏性胃液，因而非常牢固。最后在洞口留下一个垂直的裂隙，供雌鸟伸出嘴尖接近雄鸟的喂食。雌鸟幽囚洞中达数月之久，直到雏鸟快出飞时才破洞而出。在此期间，全靠雄鸟喂食。雄鸟能将胃壁的最内层脱落吐出，呈一薄膜状，用以储存果实，以供雌鸟和雏鸟食用。雌鸟出洞时已全身换上新羽，立即负责喂雏。雌鸟在封闭的洞穴内，还不时地清扫粪便等污物，直接用嘴抛出洞外，排便时，将肛门对着洞口直接喷射出，这种奇特的生活方式是防卫猴、蛇等天敌的伤害以及对恶劣的自然环境的适应。

犀鸟为珍禽，可供观赏。犀鸟在东南亚一带被人们视为吉祥之物。

《中国生物多样性红色名录——脊椎动物卷（2020）》将冠斑犀鸟、白喉犀鸟、棕颈犀鸟及双角犀鸟均评估为极危（CR）物种，花冠皱盔犀鸟评估为濒危（EN）物种。

鸽形目

斑　鸠

斑鸠是鸽形目鸠鸽科一属。有16种，分布于非洲、欧洲和亚洲；中国有5种，包括山斑鸠、珠颈斑鸠、欧斑鸠等种，几乎遍及各省、自治区、直辖市。斑鸠全长27～35厘米；两翅无金属羽色；脚短而强壮，跗跖较中趾为长。

山斑鸠又称金背斑鸠、棕背斑鸠，在中国为常见种。上体羽以褐色为主，头颈呈灰褐色，染以葡萄酒色；额部和头顶呈灰色或蓝灰色，后颈基两侧各有一块具蓝灰色羽缘的黑羽，肩羽的羽缘呈红褐色；上背呈褐色，下背至腰部呈蓝灰色；尾的端部呈蓝灰色，中央尾羽

珠颈斑鸠

欧斑鸠

呈褐色；颏和喉呈粉红色；下体呈红褐色。雌雄羽色相似。山斑鸠栖息在山地、山麓或平原的林区，主要在林缘、耕地及其附近集数只小群活动。秋冬季节迁至平原，常与珠颈斑鸠结群栖息。飞行似鸽，常滑翔。鸣声单调低沉。警惕性甚高。觅食高粱、小麦种、稻谷等粮食作物的种子，以及其他植物的果实等；有时也吃昆虫的幼虫。巢筑在树上，一般距地面 3～7 米，用树枝搭成，结构简单。巢形为平盘状。每窝产卵两枚，卵呈白色。孵化期约 18 天，雏期约 18 天。珠颈斑鸠又称珍珠鸠、花斑鸠，在中国亦较为常见。

鹟形目

鹟形目是鸟纲的一目。仅鹟科 1 科，有 9 属 47 种。分布在美洲。

鹟形目体形大，长达 90 厘米以上。足具 4 趾，大趾或不存在。翅退化。鹟形目均为地栖型，善走而不善飞。尽管部分种类很常见，但大多数鹟形目鸟类性胆怯，善隐匿；通常白天活动，晚上休息；在地面营巢。鹟科中的孤鹟分布在巴西和阿根廷北部，现存不超过 100 只，哥伦比亚鹟分布于哥伦比亚马格达雷那河谷，数量也日益减少，两者均被世界自然保护联盟（IUCN）列为濒危（EN），需要加强保护。

红翅鵎

红翅鵎是鵎形目鵎科鵎属的一种。红翅鵎身体大小如鹌鹑。通体灰褐色，头顶黑色，颊、颈和胸部棕色；头小，颈细，嘴稍弯曲；足上只有 3 个向前的短趾，无大趾。

红翅鵎杂食性。在灌丛或树根处筑巢，每窝产卵 1 ～ 12 枚或更多。一般由雄鸟孵卵，有时几只雌鸟在一个窝里孵卵，孵卵期 19 ～ 20 天。雏鸟早成性。

鹳形目

大红鹳

大红鹳是鹳形目红鹳科红鹳属的一种，是著名的观赏动物。又称火烈鸟、焰鹳。分布于地中海沿岸，东达印度西北部，南抵非洲，也见于西印度群岛。体形大小似鹳；嘴短而厚，上嘴中部突向下曲，下嘴较大成槽状；颈长而曲；脚极长而裸出，向前的 3 趾间有蹼，后趾短小不着地；翅大小适中；尾短；体羽呈白色兼有玫瑰色，飞羽呈黑色，覆羽呈深红色，诸色相衬，非常艳丽。

大红鹳

大红鹳栖息于温热带盐湖水滨，涉行浅滩，以小虾、贝类、昆虫、藻类等为食。觅食时头往下浸，嘴倒转，将食物吮入口中，把多余的水和不能吃的渣滓排出，然后徐徐吞下。大红鹳性怯懦，喜群栖，常万余只结群。大红鹳以泥筑成高墩作巢，巢基在水里，高约 0.5 米。孵卵时亲鸟伏在巢上，长颈后弯藏在背部羽毛中。每窝产卵一二枚。卵壳厚，呈蓝绿色。孵化期约 1 个月。雏鸟初靠亲鸟饲育，逐渐自行生活。

鹤鸵目

鹤鸵目是鸟纲的一目。鹤鸵目包括 2 科（鹤鸵科、鸸鹋科）4 种，仅见于大洋洲。

◆ 形态特征

鹤鸵目鸟类体形仅次于鸵鸟的大型现生鸟类。鹤鸵目鸟类体长 90 厘米以上。鹤鸵科鸟类的嘴侧扁而尖；头和上颈裸露，头顶有角盔；身体被亮黑色羽毛；内趾的爪大而锐利；鹤鸵体最重，约 70 千克。鸸鹋科鸟类的嘴扁平，呈三角形；头颈被有黑色、较短的毛状羽；体羽松散；3 趾均具钝爪；鸸鹋体最高，可达 1.8 米。翅和尾均退化，体羽的副羽特别发达，几乎与正羽片等长。足粗壮有力，跗跖除下端前面有少数盾状鳞外，其余均为六角形网状鳞。

◆ 生物学习性

鹤鸵目鸟类栖息于热带雨林、开阔林区和草原地带。善奔跑和跳跃，并能游泳；杂食性，以果实、种子、叶和芽为主要食物，也吃昆虫、雏鸟和鼠类；单栖、成对或组成家族群生活。常在大树基部或灌丛下，以杂草、树皮、落叶、细枝等筑巢；在 5 ～ 9 月产卵，每窝产卵 3 ～ 12 枚；卵呈鲜绿色、绿色或蓝绿色，表面有颗粒状突起，重 500 ～ 700 克。鹤鸵目雄鸟孵卵和抚育雏鸟。雏鸟早成性，3 ～ 5 岁达性成熟。

鹤　鸵

鹤鸵是鹤鸵目鹤鸵科的一种。又称食火鸡、双垂鹤鸵。

◆ 形态特征

鹤鸵分布于澳大利亚东部、巴布亚新几内亚和附近岛屿。体高 1.7 米，重约 70 千克。头顶有高而侧扁、呈半扇状的角质盔。头颈裸露部分主要为蓝色；颈侧和颈背为紫、红和橙色，前颈有两个鲜红色大肉垂。身体被亮黑色发状羽。翅小，飞羽羽轴特化为 6 枚硬棘。雌雄羽色相似，但雌鸟体形较大，前颈的两个肉垂亦较大。雏鸟头顶有骨甲（未来的盔）。鹤鸵头和颈暗棕色，前颈浅黄，有两个三角形小肉垂。身体余部为黄色或淡黄色，上体有黑色宽纵纹。两岁后羽饰似成鸟，4 ～ 5 岁达性成熟。

◆ 生物学习性

鹤鸵栖息于热带雨林。能奔跑，善跳跃，性机警；鸣声粗粝如闷雷；性凶猛，常用锐利的内趾爪攻击天敌。单栖或成对生活，在密林中有固定的休息地点和活动通道；食物随季节而变化，主要吃浆果，有时也吃昆虫、小鱼、鸟及鼠类。鹤鸵巢区大小为 1 ～ 5 平方千米；巢以落叶、草茎、木棍和细枝筑成，高约 25 厘米，直径 70 厘米；雌鸟在 6 ～ 9 月产卵，通常每窝 3 ～ 6 枚，卵呈鲜绿色，孵化期约 49 天。

鸸鹋

鸸鹋是鹤鸵目鸸鹋科中唯一的现存种。又称澳洲鸵鸟。

◆ **形态特征**

鸸鹋体高可达 1.8 米，重 36 千克（雄）至 41 千克（雌）。嘴扁平似鸵鸟，头颈部皮肤呈灰蓝色，着生有黑色粗毛状短羽。体被有松散的灰褐色羽毛，先端色暗。翅极小，隐于体羽下。3 趾均具钝爪。

◆ **生物学习性**

鸸鹋栖息于沙质草原和比较开阔的森林内。平时集成小群，繁殖期成对生活；善奔跑，也会游泳；主要取食植物的果实、种子、叶、芽等，亦吃昆虫。雌雄外形相似，但鸣叫时雌鸟声音如敲鼓声，雄鸟声音单调。5～8 月繁殖；巢呈平台状，由细枝、树叶和树皮构成；每只雌鸟产卵 9～12 枚，卵呈暗蓝绿色，卵数达 5～9 枚时，雄鸟开始孵化，孵卵期约 56 天，其间很少离巢，只是蹲着或站起翻卵。孵卵温度 33～35℃，比一般鸟类低。雏鸟绒羽乳白色，带褐色纵条纹，头部有褐色斑点。

鹤形目

蓑羽鹤

蓑羽鹤是鹤形目鹤科蓑羽鹤属的一种。

◆ **形态特征**

蓑羽鹤属大型涉禽，是鹤类中体形最小的种类。体羽主要为蓝灰色；头侧、喉和前颈黑色；喉和前颈羽毛极度延长成蓑状，眼后和耳羽形成的白色耳簇羽延长成束状，垂于头侧；翅灰色，但羽端黑色，飞翔时形成黑色翅尖。虹膜红色或紫红色，嘴黄绿色，脚和趾黑色。

◆ **生物学习性**

蓑羽鹤在非洲西北部、土耳其东部、俄罗斯西南部和中国北部的广大地区繁殖，越冬于非洲中部和印度等地。在中国，蓑羽鹤繁殖于黑龙江、吉林、内蒙古、宁夏和新疆等地，迁徙时见于河北、青海、河南、山西等地。以往文献认为在中国西藏南部越冬，但卫星跟踪结果表明，被跟踪的蓑羽鹤在迁徙时不在西藏地区停留，而是直接飞越青藏高原和喜马拉雅山，到印度的北部越冬。在中国并未发现蓑羽鹤集中的越冬地，只有零星的越冬个体报道。

蓑羽鹤栖息于开阔的草原地区，在中国的栖息地有草甸草原、典型草原和荒漠草原，也在沼泽、苇塘、湖泊和河流等湿地周围或农田中活动。杂食性，主要以植物的种子、根、茎、叶和鱼、蛙、鼠类等小型动物以及昆虫为食。除繁殖期成对活动外，多以家族群或小群活动。

蓑羽鹤繁殖期在 4～6 月，在河滩、草甸上或水边草丛和沼泽中营巢，每窝通常产 2 枚卵，雌雄轮流孵化，孵化期 27～30 天。

◆ **种群动态与保护措施**

在中国，蓑羽鹤种群数量较少。尽管蓑羽鹤属于湿地鸟类，但其适栖环境是半干旱地区的草地生境。蓑羽鹤面临的主要威胁有：①牧区畜牧量过载。不但破坏了其栖息环境，同时也使繁殖地蓑羽鹤的巢被踩坏的概率增加。②草场退化造成的栖息地退化。③人为活动和毒杀。中国已将其列为国家二级保护野生动物。

白骨顶

白骨顶是鹤形目秧鸡科骨顶属的一种。又称骨顶鸡。

◆ 地理分布

白骨顶主要分布于欧洲、亚洲、非洲和大洋洲。在中国广泛分布，长江流域以北地区主要为夏候鸟，长江以南区域以冬候鸟为主，其他一些区域也有繁殖的记录。

◆ 形态特征

白骨顶外形似鸡，全长 40 厘米左右。通体黑色，翅、尾羽和下体略带暗褐色。前额至嘴基有一块大型白色角质额板，为此种鸟类的显著特征。白骨顶雌雄羽色相似，但雌鸟的额板较窄小。嘴基部淡红色，尖部灰褐色；胫部橙黄色，腿和脚呈暗铅绿色，各趾缘具有分离的黑色瓣状蹼膜，适于游泳时划水以及在泥沼中涉行。

◆ 生物学习性

白骨顶栖息于内陆和沿海地区的湖泊、库塘、沼泽地等开阔的静水或水流缓慢的水域，善游泳和潜水。杂食性，主要取食水生植物和小型鱼类等水生动物，也可到水域附近的草地取食植物嫩叶、种子和小型无脊椎动物。

白骨顶在繁殖期间，雌雄鸟共同将水草弯折，编成盘状巢。每窝产卵 6～10 枚。卵呈土黄色，上布紫色、灰褐色和黑褐色疏斑。雌雄鸟轮流孵卵，孵卵期21天。雏鸟早成性，体被有黑色丝状绒羽，头和翅上杂有白色羽。雏鸟出壳后即能随双亲游泳和觅食。白骨顶迁徙和越冬时可集结成为成百上千只的大群。

红骨顶

红骨顶是鹤形目秧鸡科黑水鸡属的一种。又称黑水鸡。红骨顶因前额有一鲜红色角质额板得名。

◆ **地理分布**

红骨顶主要分布于亚洲、欧洲和非洲。在中国境内广泛分布，其中在长江流域以北地区以夏候鸟为主，在长江以南地区有冬候鸟和留鸟。迁徙期和越冬期常集群活动。

◆ **形态特征**

红骨顶外形似鸡，但腿和趾较长，中趾和爪的长度超过跗跖长度。体长约32厘米，雌雄羽色相似但雌性体形略小于雄性。通体呈灰黑色，翅和尾部褐色，下腹部有黑白相间的块状斑；尾下覆羽中央部分黑色，两侧白色；嘴黄绿色；腿、脚和趾灰绿色。红骨顶趾间无蹼，但各趾侧部微具膜缘。

◆ **生物学习性**

红骨顶主要栖息在平原地区的湖泊、池塘、河流、水库等淡水湿地，尤其喜欢有树木或挺水植物遮盖的水域，在城市公园里人类活动较少的安静水域也可见到。在芦苇和水草丛中活动，在草丛间敏捷穿行，受惊时蛰伏不动或紧贴水面作短距离飞行。善游泳和涉水，也可潜水；通常在水边草丛觅食，有时到岸上啄食；杂食性，食物以水生植物及其嫩芽和种子为主，兼食昆虫、蠕虫和软体动物。鸣声洪亮，繁殖期常在清晨和黄昏鸣叫，但非繁殖期很少鸣叫。在芦苇和蒲草丛中以弯折的茎叶编成松散的盘状巢。

红骨顶一年可繁殖 2～3 窝，每窝产卵 5～6 枚。卵呈土黄或乳白色，上布紫灰色、褐色以及淡棕色疏斑。孵化期 20 天左右。雏鸟早成性，满被黑丝状绒羽，出壳后即能离巢随双亲游泳觅食。

苦恶鸟

苦恶鸟是鹤形目秧鸡科的一属。因其叫声得名。

◆ 形态特征

苦恶鸟有 8 种，主要分布于东半球的热带和亚热带；中国有 2 种。此属以白胸苦恶鸟为典型代表。全长 270～300 毫米，上体几乎呈灰黑色，面部和下体呈纯白色，尾下覆羽呈栗色；嘴基稍隆起，但不形成额甲，嘴峰较趾跖为短；跗跖较中趾（连爪）为短；翅短圆，不善长距离飞行。

◆ 生物学习性

白胸苦恶鸟又称白胸秧鸡或白面鸡，善奔走，在芦苇或水草丛中潜行，亦稍能游泳，偶作短距离飞翔，以昆虫、小型水生动物以及植物种子为食。在繁殖期间，白胸苦恶鸟雄鸟晨昏激烈鸣叫，音似"kue, kue kue"，故称姑恶鸟或苦恶鸟。在荆棘或密草丛中，偶亦能在树上，以细枝、水草和竹叶等编成简陋的盘状巢。白胸苦恶鸟每窝产卵 6～9 枚。卵呈土黄色，上布紫褐色和红棕色的稀疏纵纹和斑点。在中国南方，每年可产2～3窝。雏鸟早成性，孵出后即能离巢，但仍与亲鸟一起活动。

◆ **种群动态与保护措施**

白胸苦恶鸟的普通亚种夏季在中国长江流域以南的东部地区繁殖，偶见于河北省和山东省，在福建、广东、台湾、云南各省为留鸟。

鸻形目

鸻形目是鸟纲的一目。

◆ **分布与分类**

鸻形目有 22 科 377 种，中国分布的有 14 科 129 种。主要包括鸻鹬类、鸥类和海雀三大类群，分布几乎遍布全球。其中，鸻科（全球 71 种）和鹬科（全球 91 种）的种类较多。鸻鹬类为中、小型涉禽，善于涉水生活及快速飞行，喙的形态随取食方式有很大变异；鸥类擅长游泳和飞翔；海雀类为善于潜水的海洋性鸟类。鸥类曾被单独列为鸥形目，后根据形态、生态和分子生物学研究，被并入鸻形目，包括贼鸥科、鸥科、燕鸥科和剪嘴鸥科。海雀类仅有海雀科一科，为中小型海洋性鸟类，善于游泳和潜水。

◆ **形态特征**

鸻形目腿较细长，胫跗部下方常裸出；后趾退化，若存在时位置较高；前趾间或具微蹼。雌雄鸟大多羽色和形态相似，体形一般雌性略大于雄性，但在野外难以分辨；体背羽色以斑驳的黑、白、褐色为主，适于隐蔽。

◆ 生物学特征

鸻形目鸟类多栖息在海岸、河流、湖泊的岸边，奔走快捷，边走边在泥沙中啄食小型底栖动物或水生动物；非繁殖期多集群活动，伴以"di-di-"的叫声。平时靠保护色减少天敌的威胁，遇惊时常迅速起飞；多在地面营巢，有的垫以砾石或干草；每窝产4枚左右的梨形卵，卵呈淡青色且具褐色斑。鸻形目大多数种类雌雄轮流孵卵，孵化期20余天。雏鸟早成性，出壳后即可跟随亲鸟活动。多数种类婚配制度为单配制，但水雉科和彩鹬科的一些种类为一雌多雄制，由雌鸟求偶炫耀并占据领域，交配、产卵后由雄鸟孵卵并育雏，这种行为在鸟类中比较少见。大部分种类在北半球的高纬度地区繁殖，秋季迁到低纬度地区及南半球越冬，迁徙时常集成大群。在中国黄渤海滨海地区的一些迁徙停歇地，迁徙期可见到上万只的集群。

鹬

鹬是鸻形目中一类鸟类的统称，属于中小型涉禽，一般认为包括鸻形目的彩鹬科、蛎鹬科、鹮嘴鹬科、鹬科及反嘴鹬科的鸟类。

鹬广布于世界各地，中国分布有54种。除繁殖期外，常集群活动于湖泊、沼泽、滩涂、库塘、草地等多种湿地类型，在浅水水域、无植被覆盖的滩涂或低矮的植被带活动。喙长短不一、形态各异，以底栖动物和水生动物为主要食物。多数种类为候鸟，具有较强的迁徙飞行能力。

彩 鹬

彩鹬是鸻形目彩鹬科彩鹬属的一种。

◆ 地理分布

彩鹬广泛分布于亚洲和非洲的温带和热带地区，数量较少，一般单独或集小群活动，野外不常见。在中国长江以北多为夏候鸟，长江以南为留鸟及冬候鸟。

◆ 形态特征

彩鹬体长约 25 厘米，是中等体形的鸻鹬类。喙较长，橙黄色，尖部略向下弯曲。为性别角色反转的鸟类，雌鸟体形明显大于雄性，且其繁殖羽比雄鸟的更鲜艳；头、颈至胸部栗红色，头顶和胸部羽色较深，具淡黄色的顶冠纹，眼周白色并向后延伸，背部及两翼铜绿色，腹部白色，背部具白色条带并向下延伸与白色下体相连。雄鸟的头、颈及胸部与背部同为棕褐色，并杂以黄色斑点。彩鹬亚成鸟与成鸟体色相似，但上、下体之间的白色分界线模糊，覆羽偏灰色。

彩鹬雄鸟

◆ 生物学习性

彩鹬主要活动于低海拔地区植被覆盖较好的草地、沼泽、浅水湖泊、沿海滩涂及水稻田等湿地，常隐匿于植被带活动，不容易观察到。杂食性，取食昆虫、软体动物、寡毛纲、甲壳类等无脊椎动物，也取食植物的叶、芽、种子等。

彩鹬的婚配制度为一雌多雄制，繁殖时雌鸟依次与多只雄鸟交配。营地面巢或水上浮巢，每窝产卵4枚。雌鸟一个繁殖季节可产4窝卵。卵梨形，暗黄色，有褐色斑块。雌鸟产卵后即离去寻找新的配偶，由与之交配过的雄性单独承担孵卵和育幼。也有少部分雌鸟会参与孵卵和保护领地。卵孵化期约18天。彩鹬雏鸟早成性，雏鸟出壳后约半个小时便可以站立，1小时后便能随亲鸟（雄鸟）出巢活动。但雏鸟在早期需要依赖亲鸟保温。通常雄鸟会照顾雏鸟1～2个月。雄性一般出生后第二年便可以开始繁殖，雌鸟到第三年才达性成熟。

蛎鹬

蛎鹬是鸻形目蛎鹬科蛎鹬属的一种。

◆ 地理分布

蛎鹬主要分布于欧洲、亚洲、非洲及新西兰。在中国，蛎鹬多见于沿海地区。

◆ 形态特征

蛎鹬体长45～50厘米。喙长且直，腿较粗壮。雌雄体色相似，头、颈及上体呈黑色，下背、腰及尾上覆羽呈白色，尾羽基部呈白色，其余部分呈黑色。飞行时可见明显的宽大白色翅斑。虹膜、眼圈、喙、腿和脚呈朱红色。亚成体的虹膜、眼圈、腿和喙部的颜色比成体暗淡，成鸟身体的黑色部分在亚成体上呈灰色。

◆ **生物学习性**

蛎鹬为候鸟，夏季在中国东北、华北及新疆等地繁殖，秋季迁至南方越冬。主要栖息在滨海及河口滩涂、沼泽以及内陆湖泊河流的浅滩等湿地。通常单独活

蛎鹬

动，有时结成小群在滩涂上觅食；主要取食双壳类，也取食甲壳类、螺类、蠕虫及其他软体动物。

蛎鹬婚配制度为单配偶制，多在有沙砾的滩涂低洼处营简陋的巢，有时在巢中加入草茎、贝壳等衬垫物，有时不加衬垫物而直接产卵。每窝产卵 2～4 枚，多为 3 枚。卵呈橄榄灰色且有黑褐色斑点。雌雄鸟均参与孵卵，孵卵期 21～28 天。

大滨鹬

大滨鹬是鸻形目鹬科滨鹬属的一种。

◆ **地理分布**

大滨鹬仅分布于亚太地区，繁殖于西伯利亚东北部的亚北极区域，迁徙时经过东亚的沿海地区。越冬地主要位于澳大利亚西北部。中国的鸭绿江口、双台子河口、唐山沿海、黄河三角洲以及长江口等区域是大滨鹬春季的重要迁徙停歇地。随着东南亚地区越冬大滨鹬数量逐渐增

加，在泰国湾越冬的最大数量可达数千只，这可能与大滨鹬的越冬地北扩有关，但其原因尚不清楚。

◆ 形态特征

大滨鹬是体形最大的滨鹬，体长约 28 厘米。上体总体上呈深灰色，背部羽毛黑色，边缘灰白色；颈部和胸部具浓密的黑斑，少数黑斑可延伸至胁部；腹部大部分白色；跗趾黑色；繁殖期肩羽和翼上覆羽具红色和黑色的斑。

大滨鹬

◆ 生物学习性

大滨鹬在覆盖着地衣、石楠及草本植物的山地及丘陵地区营巢繁殖。迁徙期和越冬期，仅分布于滨海地区，极少到内陆地区活动。多在沙质或泥质的河口和滨海滩涂湿地集群觅食，集群个体的数量可达数百甚至上千只。常与斑尾塍鹬、红腹滨鹬等其他鹬类一起混群活动。当滩涂被潮水淹没时，大滨鹬飞到觅食地附近的水产养殖塘塘埂、裸地、废弃地等人类活动干扰较少的区域集群休息。在中国辽宁丹东的鸭绿江口，每年 4 月底至 5 月初的迁徙高峰期可见到上万只的大滨鹬集群。

大滨鹬为长距离迁徙的鸟类。每年从 3 月中下旬开始至 4 月中旬，从澳大利亚西北部的越冬地开始集群迁徙，可连续飞行 5000 千米以上，飞越西太平洋直接抵达东亚地区。在中国，黄渤海区域的滩涂湿地是大滨鹬春季迁徙时的重要迁徙停歇地，每年从 3 月下旬到 5 月中旬，大滨鹬在黄海区域共停留约一个半月的时间，在此期间积累大量的能量然后飞往繁殖地。有研究表明，中国长江口等黄海南部区域是大滨鹬在春季迁徙时的临时休息地，它们在此仅做短暂停留，然后飞往鸭绿江口、双台子河口等黄海北部区域，摄取大量食物以积累能量，其体重在一个多月的时间里可以增加一倍。黄海北部区域是大滨鹬的关键能量补给地。秋季迁徙期，大部分成年个体在 8 月中旬前后从俄罗斯的鄂霍次克海沿岸出发直接飞到越冬地，也有少部分成年个体和部分当年繁殖的个体在黄海区域停歇。成鸟在 8 月末到 9 月初到达越冬地，当年繁殖的个体在 10 月前后到达。

大滨鹬在繁殖地主要取食植物的浆果和种子以及昆虫、蜘蛛等节肢动物。在迁徙停歇地和越冬地，主要以软质滩涂上的底栖动物为食，特别喜食双壳类；此外，还取食腹足类、甲壳类以及多毛类动物。主要依靠触觉寻找食物，因此在白天和晚上均可觅食。

大滨鹬的婚配制度为单配偶制。每年 5 月下旬至 6 月下旬产卵，每窝产卵 4 枚。雌雄个体均参与孵卵，孵卵期 21 天。雏鸟出壳后雌鸟便离开，雄鸟单独照顾雏鸟。雏鸟 20 ～ 25 天离巢，离巢后很快便可独立活动。

◆ 种群动态与保护措施

随着东亚沿海地区的滩涂湿地受过度围垦开发、污染、外来植物互花米草入侵等因素的影响，滩涂湿地面积减少，质量下降，已对大滨鹬的生存带来了巨大威胁。2010 年，世界自然保护联盟（IUCN）将大滨鹬列为易危（VU）等级的受胁鸟类；2015 年，又将其升级为濒危（EN）

等级的受胁鸟类。中国 2021 年修订的《国家重点保护野生动物名录》将其增补为国家二级保护野生动物。

红颈瓣蹼鹬

红颈瓣蹼鹬是鸻形目鹬科瓣蹼鹬属的一种。

◆ **地理分布**

红颈瓣蹼鹬在欧亚大陆和美洲大陆北部繁殖，在美洲、非洲和东南亚等地越冬，迁徙时经过中国。该物种在国际上数量多，但在中国数量稀少，遇见率较低。红颈瓣蹼鹬在中国内陆罕见，冬季偶见于海南岛、台湾和香港的沿海水域及港湾。

◆ **形态特征**

红颈瓣蹼鹬体长约 18 厘米，是体形最小的瓣蹼鹬。趾间蹼发达，擅长游泳。其喙部和颈部细长，雌鸟比雄鸟颜色更鲜艳。雌鸟夏季头和颈部暗灰色，眼上有一白斑，颏和喉白色。前颈栗红色，并向两则延伸。胸和两胁灰色，胸以下腹和尾下覆羽白色。后胁也为白色，但微呈暗色。翅下覆羽白色，翅下中覆羽具黑色横斑。下背和腰中间暗灰色，腰两侧白色，尾暗灰色。雄鸟夏季脸、头顶和胸暗灰褐

红颈瓣蹼鹬

色，少灰色，眼上白斑比雌鸟大，上体较淡褐色并具更多的皮黄色羽缘。

◆ 生物学习性

在繁殖期，红颈瓣蹼鹬栖息于北极苔原和森林苔原地带的内陆淡水湖泊、水塘岸边及沼泽地；迁徙期利用咸水和半咸水湖泊，冬季多在海面活动。在迁徙和越冬期常集成大群，多达数万只。常在浅水处的水面不断地旋转打圈，捕食被激起的浮游生物和水生昆虫。

红颈瓣蹼鹬婚配制度为单配制或一雌多雄制。单独营巢或集群营巢，有时和北极燕鸥等其他鸟类混群营巢，与减少巢被贼鸥等天敌捕食的风险有关。每窝产卵一般为 4 枚，雄鸟单独孵卵和育雏，孵化期 17 ～ 21 天，育雏期 16 ～ 21 天。

小青脚鹬

小青脚鹬是鸻形目鹬科鹬属的一种。

◆ 形态特征

小青脚鹬体长约 30 厘米。体形稍显笨重而矮胖，嘴较粗而微向上翘，尖端黑色而基部淡黄褐色；上体黑褐色，具有灰色羽缘；夏季头顶至后颈暗褐色，具黑褐色纵纹；背部为黑褐色，具白色斑点；腰部和尾羽为白色，尾羽的端部具黑褐色横

小青脚鹬

斑，飞翔时非常醒目。下体白色。前颈、胸部和两胁具黑色圆形斑点。体形与青脚鹬非常相似，但腿部明显短，并且偏黄色。在非繁殖季节，小青脚鹬背部为浅灰色，羽缘为白色，胸部和两胁的斑点消失。亚成体与成鸟的冬羽相似，但头顶和上体更偏褐色，带皮黄色斑点，胸部有染棕色。

◆ **生物学习性**

小青脚鹬性情胆小而机警，稍有惊动即刻起飞。繁殖期主要栖息于沼泽、水塘和湿地附近的林地；非繁殖期主要栖息于海边滩涂、河口沙洲、潟湖等，偶见于红树林，也利用溪流、盐田和稻田等栖息地。繁殖种群在每年的5月中旬回到繁殖地，6～7月繁殖。婚配制度为单配制；独巢或者由几个繁殖对组成群巢，巢筑在离地约3米、上方有遮蔽的树枝上，巢材包括松枝、地衣、苔藓等；每年繁殖1窝，每窝产卵多为4枚，来自不同巢的幼鸟常常在出生后聚集在一起生活。小青脚鹬在繁殖期主要捕食小型鱼类，也取食多毛纲、寡毛纲、甲壳纲动物以及软体动物和昆虫；在非繁殖期，偏爱蟹类等水生无脊椎动物和小型脊椎动物。成鸟7月底或8月初离开繁殖地，幼鸟则停留到8月底到9月中旬后才离开。

小青脚鹬属于候鸟，繁殖分布于库页岛和鄂霍次克海西侧，迁徙和越冬于东亚和东南亚地区。迁徙季可见于中国沿海和长江中下游地区，以及中国台湾、香港等地。

◆ **种群动态与保护措施**

小青脚鹬为全球濒危物种，2012年，国际性非政府组织湿地国际估计其种群数量为 600 只。但 2013 年秋季和 2015 年秋季,在中国江苏如东附近的滩涂湿地分别记录到 1117 只和 1100 只的迁徙群。由于小青脚鹬与青脚鹬的外形相似,野外识别难度较大,仍缺乏其准确的数量信息。

2021 年,中国修订的《国家重点保护野生动物名录》已将小青脚鹬增补为国家一级保护野生动物。小青脚鹬在迁徙期和越冬期依赖滨海湿地生活,滨海湿地的丧失和退化是其生存所面临的主要威胁,需要采取措施加强保护。

大杓鹬

大杓鹬是鸻形目鹬科杓鹬属的一种。

◆ 地理分布

大杓鹬主要在西伯利亚东部和蒙古繁殖,在东亚和东南亚地区越冬。中国的东部和东南部沿海地区是大杓鹬的越冬地,在黑龙江有繁殖的记录。

◆ 形态特征

大杓鹬是喙最长的鸻鹬类,也为体形最大的杓鹬。体长 63 厘米,喙长且下弯;上体黑褐色,羽毛边缘呈皮黄色;下背及尾褐色,下体皮黄;

大杓鹬

飞行时候腰部暗棕红色。在非繁殖期，成鸟的羽色较暗淡，亚成鸟浅色羽缘更宽，且喙部比成鸟明显短。大杓鹬与白腰杓鹬体形相似，但比白腰杓鹬的体色更深且更偏红褐色。

◆ 生物学习性

大杓鹬具有定期迁徙的习性。繁殖期多在开阔的苔藓沼泽、湿润草甸及湖岸沼泽活动，主要取食昆虫等节肢动物。营巢于低山丘陵溪流两岸的沼泽湿地或山脚平原湖边沼泽中的土丘和盐碱地上；巢甚简陋，为地上的凹坑，周边和底部垫以枯草即成。每窝产卵 4 枚，卵为橄榄褐色或橄榄绿色，被有褐色或绿褐色斑点。非繁殖期，主要利用滨海和河口地区的盐沼、红树林等各种海岸湿地，主要取食甲壳类和软体动物等底栖动物，尤喜取食蟹类。

◆ 种群动态与保护措施

由于栖息地的丧失，大杓鹬种群数量快速下降，已被世界自然保护联盟（IUCN）列为濒危（EN），中国 2021 年修订的《国家重点保护野生动物名录》已将其列为国家二级保护野生动物。

鹮嘴鹬

鹮嘴鹬是鸻形目鹮嘴鹬科鹮嘴鹬属的一种。

◆ 地理分布

鹮嘴鹬为亚洲特有鸟类，主要分布于中亚、南亚以及喜马拉雅山等海拔较高的山地；在中国，主要分布于云南、西藏、青海、新疆等地，在华北和中部地区也有分布记录。

◆ **形态特征**

鹮嘴鹬体长约 40 厘米。
喙深红色，细长且明显向下弯
曲；腿粉红色，无后趾；在繁
殖期，喙和腿的颜色会更鲜艳。
头前部和头冠为黑色，头后、
颈及上胸灰色；胸部具两条横
带，前面的横带为白色，较细；
后面的横带为黑色，较粗；腹

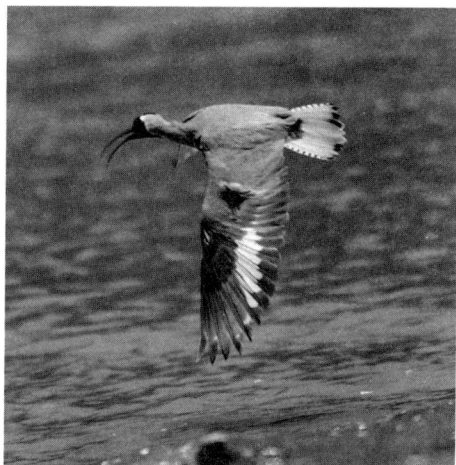

飞行中的鹮嘴鹬

部白色；背、肩以及上体为灰褐色，翼下白色，飞行时可见明显的翅上
白斑。亚成体体色偏褐色，头冠和头前为白色或黑褐色。

◆ **生物学习性**

鹮嘴鹬分布区域的海拔范围较广，从近海平面到海拔近 5000 米的
地方都可繁殖，可利用山地、高原、丘陵。鹮嘴鹬为留鸟，但具有沿海
拔梯度垂直迁徙的现象。繁殖季节多分散活动，非繁殖季节则倾向于集
小群。栖息地类型单一，仅在具砾石、清澈水流的山区活动，取食昆虫、
甲壳类、小型鱼类等。

黑翅长脚鹬

黑翅长脚鹬是鸻形目反嘴鹬科长脚鹬属的一种。

◆ **地理分布**

黑翅长脚鹬在亚洲、欧洲、非洲及美洲的温带、亚热带和热带地区

均有分布。主要在北半球的温带地区繁殖，在热带地区及南半球的亚热带和温带地区越冬。在中国，主要在东北、华北和西北地区繁殖，迁徙时经过中国大部分地区，在华南和西南地区有越冬种群。

◆ **形态特征**

黑翅长脚鹬体长 35 ～ 40 厘米，两脚特长，如踩高跷。腿和足呈粉红色；喙黑色，细长且笔直。头颈部的颜色在个体间变异较大：一些个体的头顶、羽冠、颈部至上背为白色，一些个体的头顶和后颈黑色或白色杂以黑色。上背、肩和两翅深黑色并带有绿色金属光泽。尾上覆羽白色，部分羽毛灰色；尾羽灰色；外侧尾羽颜色偏淡。身体其他部分体羽纯白色。雌鸟的背、肩和三级飞羽褐色，其余部分与雄鸟相似。幼鸟与雌鸟体色相似，上背部羽毛灰色。

黑翅长脚鹬

◆ **生物学习性**

黑翅长脚鹬主要栖息于江河、湖泊、盐田、库塘的浅水区域，集小群觅食水生动物；繁殖期多在沼泽、湖泊、河床等植被稀疏、水位较浅的静水湿地营巢；食物以双翅目、鞘翅目和半翅目昆虫等动物性食物为主，也取食其他水生无脊椎动物、小型鱼类及两栖动物（如蝌蚪），偶尔摄取植物种子。

黑翅长脚鹬婚配制度为单配偶制，每窝产卵 4 枚，卵呈梨形，橄榄绿或黄绿色，带有不规则的褐色斑块。雌雄共同孵卵，孵化期为17～19天。雏鸟早成性，出壳后一天内便可离巢随亲鸟活动。

反嘴鹬

反嘴鹬是鸻形目反嘴鹬科反嘴鹬属的一种。

◆ 地理分布

反嘴鹬分布于欧亚大陆及非洲。在中国的东北、西北及华北地区繁殖，在长江中下游及以南地区越冬，鄱阳湖的越冬种群数量可达数千只。迁徙季节，在中国沿海地区可见到数百只的大群。

◆ 形态特征

反嘴鹬体形较大，体长40～50厘米。嘴黑色，细长并明显上翘，腿青灰色；全身呈黑白两色，从前额到后颈有一黑色条带，站立时可见肩带、翼上、翼尖有3条明显的黑色条带，其余体羽均为白色。飞行时翼尖上的黑色斑块非常明显。

反嘴鹬成体和雏鸟

◆ 生物学习性

反嘴鹬常活动于湖泊、库塘、盐田及河流的浅水水域，觅食时用上翘的长嘴在浅水表层左右交替地迅速扫掠，取食水中的蠕虫、昆虫、甲壳类等水生动物。

反嘴鹬多集大群活动，繁殖时巢间距很近，最近可达 1～2 米；巢多营建在沼泽、沙洲、湖泊中的小岛上，也有部分位于盐池的池梗上，用植物的干枯茎叶铺在刨出的小坑中，有些巢中无铺垫物。每窝产卵多为 4 枚，孵卵期 21～28 天。反嘴鹬幼鸟出壳时全身密布绒羽，很快便可跟随成鸟觅食，会一直跟随亲鸟进行第一次迁徙，第二年亲鸟繁殖时才与其分开。出生后第三年性成熟。

普通燕鸻

普通燕鸻是鸻形目燕鸻科燕鸻属的一种，因飞行时形态似燕而得名。

◆ 地理分布

普通燕鸻分布于欧亚大陆及大洋洲。在中国东北、西北及沿海地区为夏候鸟，迁徙时经过中国东部和南部地区。

◆ 形态特征

普通燕鸻体长约 25 厘米。上体和头顶呈褐灰色，尾上覆羽白色，尾羽似燕子的剪刀状，基部白色，尖端黑；喉部和上胸呈淡灰且带一条黑色半环，向后由淡棕黄渐转白色。下体前棕

普通燕鸻

色后白色，腋羽栗红色。

◆ **生物学习性**

普通燕鸻在绝大多数地区为候鸟，仅在热带分布的繁殖种群可能为当地的留鸟。在非繁殖季节，活动范围很大，可能与食物资源的分布有关；主要以蝗虫等昆虫为食，在飞行时用嘴兜捕或在地面上啄取；飞行迅速，但大多仅飞 200 ～ 300 米的短距离。落地很迅速，有时几乎成垂直状；在地上常作短距离疾走。

繁殖期，普通燕鸻常结成几百只的大群。鸣声尖锐，且飞且叫。繁殖于干草原、开阔的草地、干涸的冲积平原、潮间带以及收割后的稻田和休耕地等，通常临近水源。在繁殖期，将卵直接产于草地或沙土凹陷处，有时铺上草茎做垫；卵椭圆形，呈沙白色或淡灰黄色，杂以灰蓝、暗褐斑点。每窝产卵 3 枚左右。普通燕鸻在澳大利亚主要栖息于草原和湿地，也会出现在海滩和潮间带区域。

针尾沙锥

针尾沙锥是鸻形目鹬科沙锥属的一种。

◆ **地理分布**

针尾沙锥在欧亚大陆的北部繁殖，越冬于南亚、东南亚以及中国南部，迁徙时经过中国大部分地区。

◆ **形态特征**

针尾沙锥敦实而腿短，体形中等大小，体长约 26 厘米。嘴细长而直，尖端弯曲；头顶呈褐色，中央和两侧各有一条棕白色纵纹；后颈和背部呈红棕色且有黄棕色斑纹；
喉和胸部呈黄棕白色，额、腹等
呈白色。尾羽 24 ～ 28 枚，多
为 26 枚，外侧 8 对特别窄而硬，
宽度不超过 2 毫米，为主要特征。

针尾沙锥

◆ **生物学习性**

非繁殖期针尾沙锥常结成
小群，栖息于沼泽、稻田、草地、
苇蒲丛等多种生境类型。嘴坚硬，常插在泥中摄取食物；以昆虫、环节
动物和甲壳动物为食；常见于水稻田，特别在收割后的水稻田经常出没。
羽色与杂草相混，不易被发现，有时从行人脚边突然飞起。

繁殖期，针尾沙锥雄鸟飞翔于高空，忽然急剧下降，其尾羽发出"沙
沙"声音。在芦苇、草类密生的湿地、沼泽附近的干燥地带、稻田中或
田埂上都可筑巢，巢呈碗形，内垫有细根和草茎等。每窝产卵 4 枚。卵
梨形，外表光滑，无光泽，呈灰黄色且有斑点。

凤头麦鸡

凤头麦鸡是鸻形目鸻科凤头麦鸡属的一种。

◆ **地理分布**

凤头麦鸡广布于北美洲、欧亚大陆和非洲。在中国东北、内蒙古、
青海和新疆等地繁殖，主要在黄河流域及以南地区越冬，迁徙时经过中
国的大部分省（自治区、直辖市）。

◆ **形态特征**

凤头麦鸡体形中等，全长约 33
厘米。头部有黑色的长而弯曲的羽
冠，头侧白色；背、肩、腰羽墨绿
色且带紫铜色光泽；上胸呈黑色，
喉部、颏部和腹部呈白色；飞羽呈
黑色且带紫色光泽；有翼距。眼和
耳区有肉垂，腿和脚趾等呈栗红色，
雌鸟羽色比雄鸟稍浅。

凤头麦鸡

◆ **生物学习性**

凤头麦鸡常成对或成小群栖息于河岸、沼泽地、稻田及放水后的水
产养殖塘，喜在无植被或植被稀疏的开阔区域活动。以小虾、蠕虫、蚯
蚓、昆虫、软体动物等无脊椎动物为食，白天和晚上均可觅食。

繁殖期，凤头麦鸡在地面上浅穴内敷以少许草叶筑巢。每窝产卵
3～4 枚。卵呈土灰色且有黑褐色斑点。孵卵期21～28 天。雏鸟早成性，
出壳后即可活动，但需雌雄鸟共同照料一段时间，待幼鸟羽毛长成后，
亲鸟才离开巢区。

水　雉

水雉是鸻形目水雉科水雉属的一种。

◆ **地理分布**

水雉分布于南亚、东南亚及中国长江流域以南地区。多在人类活动

干扰较少的库塘、湖泊、沼泽及水稻田等湿地活动，特别喜欢具有浮水植物和挺水植物的安静区域。常单独或呈松散的小群觅食，在越冬地也可形成较大的集群。

◆ **形态特征**

水雉体大，似雉，尾较长，体长 40～60 厘米。雌雄羽色类似，但雌鸟的体重和体形均明显大于雄性。飞行时白色的翼非常明显，初级飞羽特长，最外侧初级飞羽全为黑色，其他初级飞羽的端部为黑色；繁殖羽和冬羽有明显差别；繁殖期头顶、颊、喉及前颈白色，头后为黑色；颈后金黄色，颈部两侧各有1条黑色条纹；肩及背部棕

水雉

色；腰羽和尾羽黑色；翅弯处具角质的翼矩；具有长而弯曲的尾羽。在冬季，水雉身体上原黑色部分变为褐色，尾羽较繁殖期明显缩短。

◆ **生物学习性**

水雉常在荷塘、芦荡和湖沼的开阔水域活动，趾和爪特别长，能在浮水植物或挺水植物的叶片上行走，边走边寻找食物。以动物性食物为主，主要捕食昆虫等节肢动物，也取食螺类、蛙、鱼、虾等底栖动物和水生动物以及水生植物的种子。

水雉在热带地区全年均可繁殖，在中国主要在夏季繁殖，婚配制度为一雌多雄制；主要由雄鸟筑巢，多营建在菱角、睡莲和荷花等水生植

物上；巢呈盘状，巢材通常为水生植物的茎叶，也有些个体不筑巢，直接将卵产在浮水植物的叶片上。雌鸟在一个繁殖季节可产 2～4 窝卵，一些个体甚至可产 8～10 窝卵。每窝产卵多为 4 枚，卵呈陀螺形。孵化期 21～28 天，由雄鸟独自孵卵和照顾幼鸟。水雉雏鸟早成性，下体白色，上体棕色并有深色条纹。出生后很快便可行走、游泳及独自觅食，但仍需要亲鸟帮助维持体温。

海　雀

海雀是鸻形目的一科。

◆ 地理分布

海雀在全世界有 11 属 23 种，包括海鹦、海鸦、海鸠、海雀等类群。海雀类海鸟全部生活在北半球，而且多数生活在靠近北极圈的寒冷海域，少数进入亚热带水域。中国有 4 属 5 种海雀。

◆ 形态特征

海雀是近似但又存在较大差异的一类海鸟。雌雄相似，大多翅膀短小，不善飞翔；飞行时扇翅频率较快。由于身体肥壮，尾短，腿脚短且位置靠后，海雀站立时体态直立，身体羽色多数上黑下白，外形似企鹅。前趾间有蹼膜，后趾缺如。

海鹦

◆ **生物学习性**

海雀一般在海岸、海湾和海岛活动,很少进入内陆生活。虽然飞行能力较弱,但却有较强的游泳和潜水能力。潜水时,海雀可用短小的鳍状翅膀作为推进工具。一般以浮游动物和鱼类为食,取食方式和食物种类因种而异,与其游泳能力和潜水能力有关。

大部分海雀集群繁殖,仅少数单独或零散聚集筑巢。集群数量可达上百万只;多在外海无人岛屿的悬崖峭壁营巢,巢常位于石缝或洞穴中,少数种类在树干上营巢。婚配制度为单配制,配偶关系能维持很久,乃至终生。一般每窝只产1枚卵。

燕　鸥

燕鸥是鸻形目鸥科的一亚科。燕鸥原来归属于鸻形目燕鸥科,是与鸥类最接近的类群。全世界有10属44种,中国有7属20种。

◆ **形态特征**

燕鸥为小型至中型的鸟,体长在20～56厘米。嘴尖细,尾呈深叉状,因与燕尾形相似而得名。体羽大多白色,少数灰色或黑色;头顶多数黑色,嘴和脚以黑色或红色为多;雌雄体色相似,但体重不同,雄鸟一般体重和嘴长都大于雌鸟。燕鸥和海鸥的相

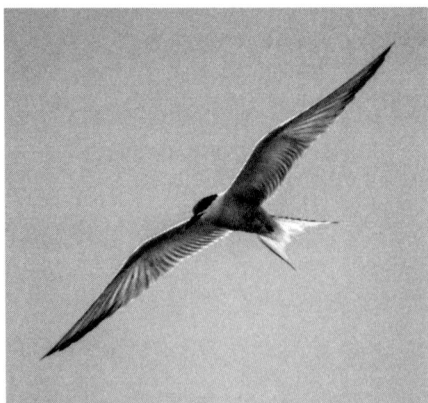

飞行中的燕鸥

同之处为分布广、种类多、数量大。不同的是，燕鸥体形较小，翅狭长，飞行速度较海鸥快；脚短而细弱，趾间带蹼，不像海鸥呈深凹状。

◆ **生物学习性**

燕鸥分布甚广，全球各大洲包括南极都有其踪迹。内陆性燕鸥的分布偏向于湖泊、沼泽等淡水区域；海洋性燕鸥的分布受可利用食物的影响，一般集中在大陆沿岸、珊瑚礁、河口等水生动物生产量高的地方。

燕鸥善于觅食，常单独或成小群觅食，觅食行为和食谱多样，喜吃各种小型鱼类，当发现整群鱼时，会聚集在鱼群上空盘旋，从鱼群上方作短距离的俯冲入水攫取鱼；有时漂浮在水面上啄食，有时在空中追逐或强盗似的夺取其他鸟类所捕的鱼；摄取食物的大小取决于其嘴裂的大小。

燕鸥繁殖地包括内陆湖沼、江河、河口、海岸、沙滩、岩礁以及大陆性和海洋性岛屿。大部分燕鸥都会选择适宜栖息地成群营巢繁殖。其巢址都选在有障碍、天敌不易到达的湖中岛、河中岛、海岸岩礁峭壁或海上岛屿。燕鸥的婚配通常是单配制。每年仅繁殖1窝。

燕鸥繁殖期各地有差异。生活于极地、温带和亚热带地区的繁殖期都在夏季5～8月；生活于热带地区的，群聚繁殖种群的周期并非同时，某些岛屿的燕鸥全年各月都有繁殖。每窝产卵数因种类而异，一般为1～3枚。孵化期21～28天，育雏期约为28天。整个营巢地的产卵期可能持续2个月，后期产卵者可能是先前繁殖失败的个体。繁殖期的长短与体形有关，小型种类繁殖期可能较短，大型种类可能长一些。

中华凤头燕鸥

中华凤头燕鸥是鸻形目燕鸥科凤头燕鸥属的一种。原名黑嘴端凤头燕鸥，因繁殖地主要在中国被改名为中华凤头燕鸥。

◆ **地理分布**

根据少量的标本记录，曾推测中华凤头燕鸥在中国山东和福建沿海繁殖，在中国周边的印度尼西亚、马来西亚、泰国、菲律宾等国沿海区域越冬。在消失了 63 年之后，于 2000 年夏天在中国福建外海的马祖列岛被重新发现。已经确认的中华凤头燕鸥繁殖地包括中国浙江宁波韭山列岛、舟山五峙山列岛、台湾澎湖列岛，以及韩国全罗南道无人岛。

◆ **形态特征**

中华凤头燕鸥中等体形，体长 45 厘米左右。嘴橘黄色，尖端黑色；额在繁殖期为黑色，冬季白色；头顶及枕部黑色，颈白色，具羽冠；上体灰白色；翼上覆羽、初级飞羽灰

飞行中的中华凤头燕鸥

白色，外侧 5 枚初级飞羽黑色或灰黑色，内翈具宽阔的白色羽缘；尾羽灰白并带褐色；下体白色。脚黑褐色。

◆ **生物学习性**

中华凤头燕鸥以上层海洋小型鱼类为食，食物主要包括小带鱼、凤鲚、圆鲹、鲱鱼、舌鳎、龙头鱼、鲂、银鱼等。常在水面上飞行或盘旋，一旦发现猎物，即以俯冲的形式入水捕食鱼类；常跟随在船只后边，取

食被螺旋桨打昏的鱼类。繁殖期一般在巢周边觅食；在育雏期，亲鸟会根据雏鸟的大小选择猎物的大小。

中华凤头燕鸥常混在大凤头燕鸥群中繁殖。繁殖岛屿为 2 公顷以下的偏远的无人岛屿，岛上有低矮灌木、草丛或无植被。巢区一般位于岛屿外缘的草丛区、草丛和岩石交界区及裸露岩石区。一般在 5 月下旬抵达繁殖岛屿。6 月初开始产卵。巢位于裸露或有枯草覆盖的土坡和岩地。繁殖时直接把蛋下在地面上，巢间距仅 30 厘米左右，非常密集。每年繁殖一次，每窝一枚卵，极少数产两枚卵。如果第一窝繁殖失败，可产第二窝。孵化期 22 ～ 28 天，育雏期 31 ～ 35 天。中华凤头燕鸥雌雄鸟共同孵化和喂雏，孵化替换主要在晨昏时段。如无台风和捡蛋，一般会在 7 月底 8 月初完成繁殖，并逐渐离开繁殖岛屿。

◆ 种群动态与保护措施

中华凤头燕鸥在全球的种群数量接近百只，被世界自然保护联盟（IUCN）列为极危（CR）。人为捡蛋、台风、猛禽、蛇类捕食等是造成其繁殖失败的主要原因。自 2013 年开始，中华凤头燕鸥种群招引和恢复项目在浙江韭山列岛和五峙山列岛先后实施，效果显著，繁殖种群逐渐稳定，数量明显上升，为该珍稀物种的拯救和保护带来了希望。

鹱形目

鹱形目是鸟纲的一目。因鹱形目鸟类鼻呈管状，故又称管鼻类。鹱形目鸟类为中、大型海鸟，全世界共有 4 科（信天翁科、鹱科、海燕科和鹱燕科）23 属 103 种；中国仅有前 3 科 9 属 16 种。鹱形目常见种有短尾信天翁和黑叉尾海燕。

鹱形目鸟类分布于世界各大海区，属于远洋性鸟类，在开阔的海面上觅食。

鹱形目鸟类外形似鸥，嘴强大具钩，由很多角质片覆盖。两翅长而尖，善于飞行，几乎终日翱翔海上。尾呈凸尾或方尾状。前趾具蹼，后趾甚小或不存在。

鹱形目鸟类为群聚性繁殖鸟类，繁殖地大多位于偏远的海岛，大型种类一般在地面营巢，小型种类倾向在洞穴中营巢。婚配关系属于单配制，配偶关系可维持数年乃至终生。每年繁殖一次，大型信天翁甚至两年繁殖一次，绝大多数种类每次仅产一枚卵。孵化期和育雏期均较其他鸟类的长。雏鸟晚成性。

白额鹱

白额鹱是鹱形目鹱科剪水鹱属的一种鸟类。

◆ 地理分布

白额鹱主要分布于古北界和东洋界，在太平洋西北部海洋中的岛屿上繁殖。越冬在台湾海峡、菲律宾、加里曼丹岛、摩鹿加群岛、巴布亚新几内亚等地。在中国，白额鹱分布于辽宁、山东、江西、江苏、上海、浙江、福建、香港、海南和台湾，在台湾及澎湖列岛为留鸟，在辽东半岛为夏候鸟，其余地区多数为迁徙过境。

◆ 形态特征

白额鹱体中型，体长约 48 厘米，翅长约 30 厘米。全身灰褐色与白色搭配，嘴较细长，鼻管较短，飞羽长而窄，尾呈楔形；前额、头顶前部以及头和颈的侧部为白色，其间散布褐色纵纹，额的褐纹特别狭细；上体余部暗褐，羽端近白；两翅的飞羽和尾羽均为黑褐色，次级飞羽均具白缘；下体纯白色，无斑。

◆ 生物学习性

白额鹱全年在海上活动，常接近水面绕圈快速飞翔，飞得极低，飞行速度极快；游泳和潜水能力突出，以鱼类和海洋无脊椎动物为食，通常取食水面浅层活动的鱼类、浮游动物和软体动物。在快速飞行中一旦发现海面浅层的鱼类、浮游动物和软体动物，会突然扎入水下进行捕食。白额鹱结群在海岛上繁殖，在岩穴中或树林中的地面和草地上营巢，巢内铺垫少许枯叶。7月中旬前后为产卵高峰，每窝产卵 1 枚，卵白色。雌雄共同孵育后代。孵化期约 64 天，育雏期 66 ～ 80 天。

◆ 种群动态与保护措施

白额鹱在中国东部和东南沿海曾经较为常见，但种群数量已极为稀少。中国青岛沿海的大公岛、千里岩等岛屿都曾是该物种的主要繁殖岛屿。白额鹱已被世界自然保护联盟（IUCN）评定为近危（NT，2020），其种群数量一直在下降，主要威胁来自哺乳动物的捕食，但下降速度尚无准确的量化。

海　燕

海燕是鹱形目海燕科的一类海鸟。

◆ 地理分布

海燕分布于除北冰洋外的各大洋，多分布于太平洋，少数分布于大西洋。全世界共有 8 属 20 种，中国有 2 属 4 种，即黑叉尾海燕、白腰叉尾海燕、褐翅叉尾海燕及黄蹼洋海燕。

◆ 形态特征

海燕外形似燕，体形较小，体长只有 13 ～ 26 厘米。具管状鼻，但鼻管基部融合成一管，鼻孔开口于嘴峰正中央；羽色暗灰或褐色，有些种类下体颜色较浅；翅短而圆。除后趾外均有蹼；尾长，叉形或楔形。

◆ 生物学习性

海燕主要栖息于海上，在水面上多弹跳及俯冲，常沿水面疾飞并以脚拍击水面。繁殖期到海岸或海岛上成群营巢。巢置于岩石洞穴中，或在松软的地上掘穴为巢。每窝产 1 枚卵。繁殖期间大多在晚上活动，以小型海洋动物为食。海燕和鹱科的区别除了大小和形态不同外，还在于其飞翔方式。海燕经常快速地扇动两翅沿水面飞行，用脚拍水和在水面抓猎食物，也常伴随船只飞行和捕食浮游生物。

信天翁

信天翁是鹱形目信天翁科的统称，为大型海鸟。信天翁和鹱类、海燕合称为管鼻类。

◆ 地理分布

信天翁有 2 属 14 种，主要分布于南半球，少数生活在北太平洋和赤道地带；中国有 1 属 3 种，即黑背信天翁、黑脚信天翁和短尾信天翁。

◆ 形态特征

信天翁嘴端呈钩状，鼻孔在嘴的上方成两个管口。翅极长，有些种类如漂泊信天翁是翼展最大的鸟类，双翅展开可达 3～4 米。

◆ 生物学习性

信天翁常飞离海岸很远，通常远洋航行时才能在海上看到。适应大洋生活，一生中大多数时间在海洋上度过，在大洋的上空遨游，可以几个小时不用拍动翅膀，只在繁殖期回

短尾信天翁

到陆地。信天翁的食物包括小型的鱼类、乌贼和甲壳类动物。通常在海洋表面捡拾死掉的海洋生物，尤其喜欢跟在船只后面捡拾船上扔下的食物，偶尔也会像鲣鸟一样潜水捕食，潜水的深度为 6～12 米。

信天翁的配偶制度以一夫一妻制为主，对配偶有着极高的忠诚度。寿命可达 30～60 年。大多数种类在 3～4 岁性成熟，但往往要数年之后才开始繁殖，通常繁殖年龄在 8～15 岁。信天翁主要在偏远的海岛集群繁殖。在地面上以泥土和草等筑巢。每窝仅产 1 枚卵，由雌雄鸟共同孵卵和育雏。孵卵期长达 70～80 天，是所有鸟类中最长的。育雏期也很长，大型信天翁育雏期长达 280 天以上，即便是小型信天翁，育雏期也需 140～170 天。

漂泊信天翁

鸡形目

雷 鸟

雷鸟是鸡形目松鸡科一属。

◆ 地理分布

雷鸟共有3种，中国有柳雷鸟和岩雷鸟两种，前者分布在黑龙江流域，后者见于新疆北部。雷鸟遍布欧亚大陆北部和北美洲，从北极冻原地带直至森林及森林草原带。属典型的寒带鸟类，终年留居在严寒的北方。

◆ 形态特征

雷鸟全长约38厘米。同一般鸟类不同，雷鸟四季换羽。雄鸟在婚后和冬季之前，夏羽和冬羽完全更换新羽，而春羽和秋羽只是局部替换；雌鸟每年3次换羽，婚前不换羽。雷鸟的冬羽与大地的银装一致，雌、雄均全身雪白。春季，雄鸟的头、颈和胸部换成有栗棕色横斑的春羽。雄鸟繁殖前还有换"婚羽"的习性，即换成华丽的羽饰来博得雌鸟的青睐。夏季，雷鸟上体又换成了黑褐色且具棕黄色斑纹。秋季，羽毛换成黄栗色。北方地势平坦，因严寒又缺乏植被，雷鸟没有天然隐蔽所，四季换羽正是生存适应和自然选择的结果，这种换羽行为成为研究物种进化与自然选择的典型例子。雌鸟羽

雷鸟（冬羽）

色不如雄鸟艳丽，便于隐蔽自身和保护幼雏。

◆ **生物学习性**

雷鸟由于长期在冰雪中生活，形成一系列适应冻原生境的特性。如腿上的羽毛厚而长，一直覆盖到脚趾；脚趾周围有很多长毛，既保暖，又便于在积雪上行走不至于下陷；鼻孔外披覆羽毛，可抵挡北极的风暴，也有利于向雪下啄取食物。雷鸟嘴粗壮而短，善挖食雪下根茎，几乎完全吃植物性食物。雷鸟以苔藓，植物的嫩芽、嫩枝和根等为主食，冬季藏在雪穴中躲避暴风雪。

雷鸟在中国的繁殖期是4～5月，一雌配一雄，两性共同筑巢。巢置于地面草丛中或灌木下，为椭圆形小坑，内铺少量枯枝、草叶和残羽。每窝产卵8～12枚，卵呈淡黄色且满布褐色斑点。

◆ **种群保护**

雷鸟是重要的猎禽，为中国国家重点保护鸟类。

高原山鹑

高原山鹑是鸡形目雉科山鹑属的一种。

◆ **地理分布**

高原山鹑分布中心在青藏高原，包括印度、尼泊尔、不丹、巴基斯坦、阿富汗等国的高原周边地区，分布在海拔2800～5200米处。相对于高原山鹑的两个近缘种，高原山鹑是世界上分布最高的山鹑属鸟类。

◆ **形态特征**

高原山鹑体长28厘米。高原山鹑白色眉纹、栗色颈圈和眼下黑斑是其典型特征。高原山鹑上体灰色,满布深褐色横斑;下体底色淡黄,胸部及体侧黑色鳞状斑纹十分醒目。高原山鹑雌雄两性身体大小和体羽相似。

◆ 生物学习性

高原山鹑栖息于灌丛稀疏的多岩石山地以及农田边缘。秋冬季节,以群体方式生活,平均群体大小为 11.4 只,多者达 30 只;从晚秋到早春,群体数量呈现下降趋势,捕食可能是导致部分个体死亡的主要原因。高原山鹑在寒冷的高山环境下选择在接近山体顶部海拔 4700 ~ 4900 米的地带过夜,夜宿地位于稠密的植被斑块或靠近岩壁,数只个体卧在一起,这对于夜晚保持体温、降低能量损失至关重要,是其对寒冷环境的一种适应策略。

高原山鹑的婚配制度为社会单配制。在 5 月中旬开始繁殖,巢位于地表,巢材包括灌木茎和草本植物,以及一些羽毛。每窝产卵 5 ~ 12 枚,平均重量 16.1 克。孵卵由雌鸟承担,孵卵期 23 ~ 24 天。雏鸟早成性,出壳后不久就能够自行活动,但依然需要在双亲带领下觅食和夜宿。

◆ 种群动态

高原山鹑栖息地受到人为的干扰比较小。

孔 雀

孔雀是鸡形目雉科一属。世界共 2 种,即绿孔雀和印度孔雀(又称蓝孔雀)。均分布于亚洲热带和亚热带常绿阔叶林和混交林中。前者分布于中国云南省南部及毗邻国家。属大型鸡类,全长 180 ~ 230 厘米。孔雀羽色艳丽,具长尾羽。雄孔雀发情时,特长的尾上覆羽展开,形成尾屏，称为孔雀开屏。

孔雀喜活动于林间空地和溪流旁边，常成群活动，多由一雄数雌组成小群。食性较杂。通常营巢于灌丛或草丛中，巢简陋，常利用天然凹坑，

绿孔雀

内垫杂草、枯枝落叶和羽毛等。窝卵数 5 ～ 6 枚，卵呈淡色，无斑。孵化期为 27 ～ 30 天，由雌鸟孵化。由于栖息地破坏和减少，孔雀数量十分稀少，蓝孔雀和绿孔雀均已被列入《世界自然保护联盟（IUCN）濒危物种红色名录》，其中绿孔雀为濒危（EN）物种，蓝孔雀为无危（LC）物种。绿孔雀还被中国列为国家一级保护野生动物。

铜 鸡

铜鸡是鸡形目雉科锦鸡属的一种。又称白腹锦鸡、衾鸡。分布从四川西部起直至缅甸东北部。

铜鸡体形较金鸡稍大，尾亦较长。雌雄异色。雄鸟全长达 130 厘米。枕冠狭长且呈紫红色；后颈披以白色而具蓝黑边缘的扇状羽，犹如披肩；头顶与上背呈金属翠绿色，各羽具黑边；下背大部呈棕黄色，只腰部转为朱红色；中央尾羽呈白色且具蓝黑色横斑；外侧尾羽内翈黑白色相杂，呈云石状；外翈大部呈黄褐色且具黑斑；两翅大部呈蓝黑色，向外渐变

为黑褐色；喉呈黑色；胸与上背颜色相同；腹部呈白色。雌鸟与金鸡相似，但较大；头侧棕红色且呈眉纹状。眼呈黄（雄）或褐（雌）色，嘴和脚呈蓝灰色。

铜鸡栖息于海拔 3000 ～ 4000 米的多岩山地，常出没于灌丛与矮竹间，嗜食竹笋，兼吃各种种子、浆果、蕨叶、昆虫等。秋冬两季常结小群活动，叫声嘈杂。夏季迁至高山岩嶂间繁殖。每窝产卵 10 ～ 20 枚；卵梨状且呈黄褐色。孵化期 22 ～ 24 天。早在 19 世纪，铜鸡就已引入欧洲，各国动物园多有饲养，供人观赏。

几维目

几维目是鸟纲的一目。又称鹬鸵目。几维目仅 1 科 1 属 5 种，分布区限于新西兰，代表性物种为褐几维。

几维目鸟类善走而不能飞行。体形如鸡，雌大雄小。体长 48 ～ 84 厘米，体重 1.25 ～ 4.00 千克。羽呈毛状，形似发丝；背侧羽毛大多暗褐色，腹侧色较淡而具黑褐色条纹；无尾羽。嘴峰细长而稍下弯，鼻孔位于近嘴端，嗅觉灵敏。两翅极度退化；腿短而强健；足具 4 趾，3 前 1 后。

几维

褐几维

褐几维是几维目无翼鸟科的一种。又称鹬鸵。因其尖锐的叫声"keee-weee"而得名。

◆ 形态特征

褐几维是几维目中体形最小的一种，从前误称为"无翼鸟"。体形如鸡，雌大雄小。上体羽毛大多暗褐色，腹侧略呈皮黄色，并有黑褐色条纹；羽毛无副羽，羽轴仅有粗羽片，缺羽小支，因而蓬松像发丝。嘴细长而稍下曲，近先端有鼻孔；在嘴裂处有许多嘴须。翅极退化，从体外仅见残留的飞羽；尾羽不发达，仅有小的尾综骨。第二趾缺如。砂囊不发达，盲肠狭长。幼鸟羽色和成鸟相似，但羽衣松软。腹部有气囊，但骨骼坚实，不中空。

褐几维

◆ 生物学习性

褐几维栖息在新西兰茂密的灌木丛中，主要在夜间单独活动，以昆虫、昆虫幼虫、蠕虫或掉落的浆果为食；常在树根、山坡、地面、草丛或岩石等处以落叶和松软土壤筑巢。

褐几维雌鸟在冬末产卵 1 ～ 2 枚。卵白色，长形，重约 450 克。雄鸟孵卵，孵卵期 57 ～ 80 天。刚孵出的幼雏身体被满松软稚羽，孵出后 5 天以内不取食，只利用剩余的卵黄为食。5 天后由雄鸟带领寻找食物，最后才独立活动。褐几维幼鸟生长缓慢，5 ～ 6 年才能达到性成熟。

鲣鸟目

鲣 鸟

鲣鸟是鲣鸟目鲣鸟科鸟类的统称。

◆ 地理分布

鲣鸟全世界有 2 属 9 种；中国有 1 属 3 种，包括红脚鲣鸟、蓝脸鲣鸟和褐鲣鸟，分布于东南沿海、台湾岛及西沙群岛，是南海诸岛数量最多的鸟类。

◆ 形态特征

鲣鸟为中至大型热带海鸟。体长 60～85 厘米，翅长 140～175 厘米；身体呈流线型，翅窄长且尖，尾羽较长，从中央往两侧次第变短，整体呈楔形；体羽以白色或浅褐色、浅灰色为主，部分体羽带黑色或褐色；脸和喉囊裸露，眼先通常有黑色斑纹；脸部皮肤、喙、眼与足通常颜色鲜艳。嘴粗壮，长而尖，边缘呈锯齿状；上喙末端微下曲，但不弯曲成钩状；嘴峰两侧有明显的线状沟；嘴裂大，延伸至眼的后部。鲣鸟外趾和内趾比中趾长；全蹼足，即 4 趾之间均具蹼，有些种类的蹼颜色鲜艳。尾脂腺发达，分泌的油脂具防水功能。

蓝脚鲣鸟

◆ **生物学习性**

鲣鸟主要栖息于开阔的热带和温带海区，通常集群觅食，从高处俯冲入海，入水深度 1 ～ 2 米，捕捉鱼类、鱿鱼等。有些种类会追随渔船以获取人们抛弃的副渔获物或鱼饵。渔民也常跟着鲣鸟追捕鱼群，所以又称鲣鸟为"导航鸟"。

鲣鸟繁殖期集群营巢于海岸和海岛上，大多营地面巢，红脚鲣鸟是唯一在树上筑巢的鲣鸟。每窝产卵 1 ～ 3 枚，双亲共同育雏。

红脚鲣鸟

红脚鲣鸟是鲣鸟目鲣鸟科鲣鸟属的一种。

◆ **地理分布**

红脚鲣鸟有 3 个亚种，广泛分布于加勒比海、大西洋、太平洋和印度洋北部的热带海域，属于远洋性海鸟。中国有 1 个亚种，即西沙亚种，在西沙群岛繁殖，冬季可到中国东南沿海、香港和台湾等地附近的海域。

◆ **形态特征**

红脚鲣鸟体形较小，体长 66 ～ 77 厘米，翼展 134 ～ 150 厘米；雌雄体形差异不大；体羽以白色为主，雄鸟两翅黑褐色，雌鸟背、腰与尾上覆羽灰褐色，尾羽先端白色；虹膜灰褐色，常具浅色外环；两翅尖长，善飞行，初级飞羽 11 枚，第一枚初级飞

红脚鲣鸟

羽最长，第五枚次级飞羽缺如；尾羽 12 ～ 18 枚，呈楔形；跗跖较短；脸侧裸露，呈皮黄色；嘴灰蓝，基部粉红或稍缀红色；脚红色。

红脚鲣鸟主要有以下 4 种色型：①白色型。除飞羽黑色外，总体呈现白色。②黑尾白色型。尾黑色，其余与白色型接近。③褐色型。总体呈现褐色。④白尾褐色型。腹部和尾部白色，其余接近褐色型。此外，还有一些中间色型。各种色型的红脚鲣鸟中，以白色型分布最为广泛。

◆ **生物学习性**

红脚鲣鸟具有长距离游荡觅食的习性，可飞往距群体栖息地 150 千米以外的区域觅食；主要以鱼类和乌贼为食；一般采取集体捕食的策略，通过俯冲式潜水捕获食物，亦可于水下潜泳追赶猎物。潜水深度通常小于 1 米，最深可达 5 米；有时也在飞行中捕捉飞鱼；有夜间捕食的习惯，当鱿鱼在夜间浮出水面时，红脚鲣鸟可凭借月光的照耀整晚捕食。捕食过程中常受到军舰鸟的偷袭。

红脚鲣鸟在植被茂盛的热带海岛上繁殖，以面积较小的珊瑚岛和火山岛为主；营巢于石滩或岛屿的矮灌木和乔木上，偶尔亦在地面筑巢；中国西沙群岛的东岛岛屿面积约 1.55 平方千米，是红脚鲣鸟典型的繁殖地。为群居性繁殖物种，婚配制度为合作式一雌多雄制；通常形成庞大的繁殖群体，巢由树枝搭建而成；雌雄共同筑巢，每窝产卵 1 枚，孵化期约 45 天。育雏期较长，雏鸟绒羽为白色，100 ～ 139 天幼鸟羽翼丰满，之后一般仍需双亲照料约 190 天。

◆ **种群动态**

在世界范围内，红脚鲣鸟种群数量较大，无明显受威胁迹象。

鹃形目

杜　鹃

　　杜鹃是鹃形目杜鹃科鸟类的统称。有时专指杜鹃属。又称布谷鸟、子规、杜宇。世界性分布，共 28 属 136 种。中国有 7 属 17 种，分布在全国各地，在长江以南最普遍。

　　杜鹃全长 16～70 厘米。外形似鸽，但稍细长。嘴强，嘴峰稍向下曲。尾长阔，呈凸尾状。脚短弱，具 4 趾，第 1、4 趾向后，趾不相并。雌雄外形大体相似，幼鸟羽色与成鸟不同。

　　中国常见种是四声杜鹃。头顶和后颈呈暗灰色；头侧呈浅灰，眼先、额、喉和上胸等色更浅；上体余部和两翅表面呈深褐色；尾与背同色，但近端处有一宽黑斑。下体自下胸以后呈白色且杂以黑色横斑，与大杜鹃相仿。

杜鹃

　　杜鹃常隐栖树林间，平时不易见到。叫声格外洪亮，四声一度，音拟"快快布谷"。每隔 2～3 秒钟一叫，有时彻夜不停。杜鹃杂食性，主要以松毛虫、金龟甲及其他昆虫为食，也吃植物种子。不营巢，常在灰喜鹊、红尾伯劳等鸟类的巢中产卵，卵与寄主卵的外形相似。因嗜食昆虫，尤其是毛虫而对农、林业有益。

䴕形目

啄木鸟

啄木鸟是䴕形目啄木鸟科鸟类的统称。世界有 217 种啄木鸟，除大洋洲和南极洲外，均可见到；中国有 27 种，各地均有分布。

啄木鸟嘴强直如凿；舌长而能伸缩，先端列生短钩；脚稍短，具 4 趾，2 趾向前，2 趾向后；尾呈平尾或楔状，羽干坚硬富有弹性，在啄木时支撑身体。

此科常见种灰头绿啄木鸟终年留居于挪威，有的向东经德国、俄罗斯到日本，南至阿尔卑斯山、巴尔干半岛、东南亚等地；中国除内蒙古外，其余各地均有分布。灰头绿啄木鸟全长约 300 毫米。灰头绿啄木鸟通体呈绿色。雄鸟头有红斑。夏季常栖于山林间，冬季大多迁至平原近山的树丛间，随食物而漂泊不定。常鸣叫，每次连叫 4 ～ 7 声，有的在 1 分钟内叫 5 ～ 6 次。攀树索虫为食，但也到地面觅食。春夏两季大多吃昆虫，秋冬两季兼吃植物。在树洞里营巢。卵呈纯白色。

啄木鸟除消灭树皮下的害虫如天牛幼虫等以外，其凿木的痕迹可作为森林"卫生采伐"的指示剂，因而被称为"森林医生"，是著名的森林益鸟。该目鸟类在中国属国家保护动物。

三趾啄木鸟属

三趾啄木鸟是啄木鸟科的 1 属。背面黑白色，因脚具三趾而得名。全世界只有 2 种，分布于欧洲、亚洲和美洲。中国只有 1 种，即三趾啄木鸟，见于东北和西部。

三趾啄木鸟体中型；鼻孔被羽毛掩盖，鼻羽黑褐而杂以白色；头顶前部羽端金黄色，头顶后部、头侧和后颈辉蓝黑色；眼后上方有白色眉纹；背和腰白色，缀以黑纹；肩和尾上覆羽黑褐色；翼上覆羽和飞羽亦黑褐色，飞羽的内外翈和先端均具白斑；尾黑色。下体几纯白，尾下覆羽具黑色羽基。

三趾啄木鸟性敏捷，常单个或成对在落叶松间或云杉林中活动，啄食树干中的成虫和幼虫。

大斑啄木鸟

大斑啄木鸟是鴷形目啄木鸟科斑啄木鸟属的一种。又称花啄木鸟、啄木冠、卉鴷。

◆ 地理分布

大斑啄木鸟分布于欧亚大陆和北美，中国除西藏自治区和台湾省外，各地均可见到。常见于山地与平原园圃、树丛和森林间。

◆ 形态特征

大斑啄木鸟全长约22厘米；体色上黑下白，翅黑而有白斑，尾下红色；雄鸟后头有红斑；脚具4趾，2趾向前，2趾向后，均有锐爪，适于攀缘树木；尾羽的羽干刚硬如棘，能以其尖端支撑在树干上，协助脚支持体重。嘴强直如凿，舌细长，能伸缩自如，先端生有短钩，并有黏液。

◆ 生物学习性

大斑啄木鸟常攀缘树干，用嘴急促地叩击树皮，当察觉到树干内有虫时，即啄破树皮，用舌探入，将虫钩出而食；飞行时两翅一展一合，有节奏地升降，略呈波浪状；常在飞翔中发出尖锐的叫声。每年繁殖期间，啄凿腐朽的树干为巢洞，每窝产卵 4 ～ 5 枚，卵呈纯白色；雌雄共同孵卵，孵化期 10 ～ 12 天，育雏期 23 ～ 30 天。

◆ **价值**

大斑啄木鸟能啄食钻在树干深处的害虫，如天牛幼虫、吉丁虫等，对防治林木害虫有重要的作用。

拟啄木鸟

拟啄木鸟是䴕形目须䴕科一属。有 24 种，主要分布于印度半岛、印度尼西亚和中南半岛；中国有 8 种，主要见于华南地区。

拟啄木鸟一般呈绿色；嘴强，嘴峰圆；嘴基周围的嘴须中等长，有些种几乎完全延伸至嘴的尖端；鼻孔被羽毛和鼻须掩盖或裸露；眼周有裸斑；翅圆；尾为平尾或凸尾。两性相似。

拟啄木鸟常见种为蓝喉拟啄木鸟。蓝喉拟啄木鸟分布于印度、中南半岛和加里曼丹；在中国，见于云南和广西。它们羽色美丽，鸣声悦耳，易于饲养，在分布区数量很多，是很有发展前途的观赏鸟。蓝喉拟啄木鸟全长约 230 毫米，通体呈绿色，头顶有两块朱红色斑，喉部呈浅蓝色。翅和尾均短，飞行迟钝。蓝喉拟啄木鸟为树栖性鸟，生活在海拔 2000 米以下

拟啄木鸟

的山谷，丘陵、平原的次生阔叶林或树落旁林带。当太阳初升，便忙碌地飞到果树上觅食；多单独活动，即使在繁殖幼鸟出巢后，成鸟与幼鸟的群集亦不久；常隐匿在乔木的密叶丛中鸣叫，鸣声清脆响亮；食物以野果为主。蓝喉拟啄木鸟在 4～5 月繁殖，在阔叶林、混交林或开阔林寨的枯树上营巢；每窝产卵 3～4 枚，卵长椭圆形，呈纯白色；雌雄轮流孵卵。

美洲鸵目

美洲鸵目是鸟纲的一目鸟类的统称。美洲鸵目仅存 1 科 1 属 2 种，即大美洲鸵和小美洲驼。

美洲鸵目鸟类的特征及外形均与鸵鸟科鸟类的相似，但体形较小，足具 3 趾，后趾缺失。栖息于美洲的荒漠草原地带，成小群活动；以植物种子、根，昆虫及蜥蜴等为食，偶尔亦食小型哺乳动物；繁殖期一雄多雌，每一雌鸟可在公共巢穴中产卵 15～18 枚，一穴内可容百枚卵。由雌鸟孵化约 42 天，雏鸟出壳后尚需雄鸟照料 4～5 个月。

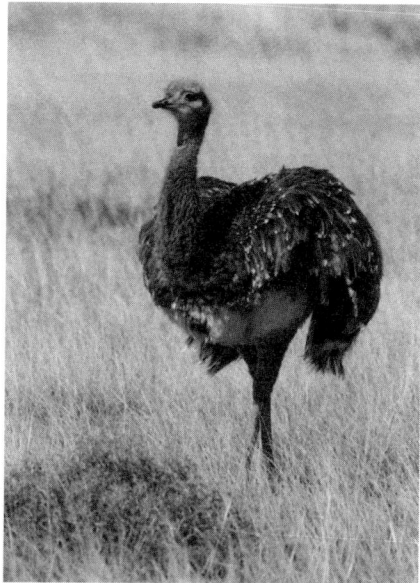

小美洲鸵

美洲鸵

美洲鸵是美洲鸵目美洲鸵科的一种。又称大美洲鸵。美洲鸵因足有3个脚趾，又被称作三趾鸵鸟。

美洲鸵共有5个亚种，为美洲体形最大的鸟类。虽然不会飞，翼却比较发达。有10枚初极飞羽，指骨3枚；腿强健，3个前趾均具爪；头顶、颈后上部和胸前的羽毛均为黑色；头顶两侧和颈后下部呈黄灰色或灰绿色；背和胸的两侧及两翅褐灰色；余部均为黑白色；尾羽退化。

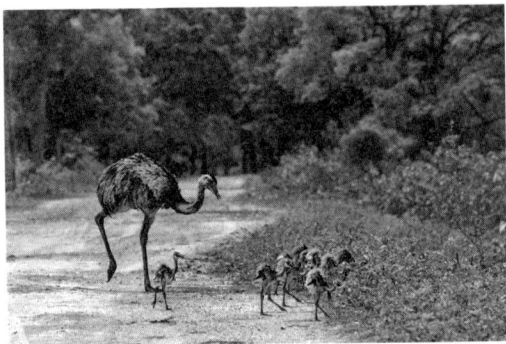
美洲鸵成鸟与雏鸟

美洲鸵栖息于草原地带，杂食性。集群生活，常20～30只在一起活动。每窝产卵10余枚，多可达20～30枚。卵大小约132毫米×90毫米，重约600克；全由雄鸟孵卵，经35～40天孵化出雏。

鹏鷉目

鹏鷉目是鸟纲的一目鸟类的统称。为世界性分布鸟类，以温带和热带居多，仅有鹏鷉科1科6属22种，中国有1科2属5种，分布于中国各地。常见种有小鹏鷉、凤头鹏鷉。

鹏鷉目鸟类为小至中型水鸟。体羽多为灰、褐色；羽毛松软如丝，头部有时具羽冠或皱领；嘴细直而尖；眼先多具一窄条裸区；颈细长；翅短圆；尾羽均为短小绒羽；脚位于身体的后部，跗跖侧扁，前趾各具瓣状蹼。

凤头鸊鷉

　　鸊鷉目鸟类主要在淡水生活，以昆虫和小鱼等为食。繁殖期，雌雄鸟都有求偶炫耀行为，在水面以植物编成浮巢。每窝产卵 3 ～ 9 枚。雌雄共同孵卵，孵化期 18 ～ 29 天，雏鸟早成性。

潜鸟目

红喉潜鸟

　　红喉潜鸟是潜鸟目潜鸟科潜鸟属的 1 种。分布于古北界、新北界、东洋界以及非洲。

　　红喉潜鸟体形似鸭，翅长约 28 厘米；头顶灰褐，杂以黑褐纵纹；上体余部（包括翅、尾等）大都为黑褐色，并散布着白色斑点；头和颈的两侧以至下体几乎纯白。

红喉潜鸟

红喉潜鸟繁殖地在欧、亚和北美洲的极北部，直至北纬 52°。通常栖息于海滨及其附近的湖泊，觅食鱼类。在中国，冬季见于北至黑龙江，南至台湾、广东沿海一带。

红喉潜鸟无特殊经济价值，但因罕见，常被列为珍禽。

雀形目

伯　劳

伯劳是雀形目伯劳科的一属种类的统称。世界有 27 种，广布于非洲、欧洲、亚洲及美洲；中国有 13 种。各大区均有分布。伯劳喙强壮，喙的前端具缺刻和钩；鼻孔部分被羽毛掩盖；跗跖强健有力。雌雄相似。

红尾伯劳是伯劳属鸟类的典型代表。全长 16 ～ 22 厘米。头侧具黑纹，背面大部呈灰褐色，腹面呈棕白色，尾羽呈棕红色。栖息于树梢，常张望四周，一旦发现饵物，便急飞直下捕捉。红尾伯劳性凶猛，喜食小鸟、小型哺乳动物和各种昆虫。雌雄共同营巢。巢距地面 6 ～ 8 米，以干草搭成。每窝产卵

红尾伯劳

4～8枚。由雌鸟孵卵，孵化期14～16天；育雏早期，由雄鸟外出寻虫，归巢后吐入雌鸟口中，再由雌鸟喂雏。一周后，雌雄轮流寻虫喂雏。

普通䴓

普通䴓是雀形目䴓科䴓属的一种。又称茶腹䴓、欧亚䴓、林䴓、蓝大胆、穿树皮、松枝儿、贴树皮等。

◆ 地理分布

普通䴓共有23个亚种，中国有4个亚种，其中，黑龙江亚种在中国分布于黑龙江、吉林东部、辽宁南部、河北东北部和北京等地，在国外分布于朝鲜和日本；东北亚种在中国分布于黑龙江西北部、内蒙古东北部，在国外分布于俄罗斯东部、日本北海道等地；华东亚种为中国特有，分布于北京、河北、山西、河南、山东、陕西南部、甘肃西北部、四川、贵州、云南东北部、湖北、湖南、安徽、江西、江苏、浙江、福建、广东东北部、广西、台湾等地；新疆亚种也是中国特有，分布于新疆北部和东部哈密。

◆ 形态特征

普通䴓为小型鸣禽，体长11～15厘米。雄鸟有一条黑纹由鼻孔处贯眼而过延伸到颈侧；上体纯蓝灰色；中央一对尾羽与上体同色，其余尾羽为黑色，有蓝灰色

普通䴓

末端；飞羽暗褐色，有一白斑；额、颊和眼下若干羽毛为白色，颈侧和下体余部为肉桂色，胁部沾栗色；翼缘为肉桂红色；尾下覆羽栗色，各羽有一楔形白色端斑；雌鸟与雄鸟相似，但胁部及尾下覆羽的栗色较淡；虹膜暗褐色或褐色；上嘴灰蓝色，先端黑色，下嘴基部角灰色，端部灰褐色；跗跖肉褐色。

◆ **生物学习性**

普通䴓为留鸟。主要栖息于针阔叶混交林、针叶林和阔叶林中，冬季也出现于低山丘陵、山脚平原、路边、果园和居民点附近的树林内，栖息高度可达海拔 3500 米的高山林带。除繁殖期单独或成对活动以及繁殖后期成家族群活动外，其他季节多单独或与其他小鸟混群。性活泼，行动敏捷，善于沿树干直线向上或呈螺旋形绕树干向上攀缘，也能头朝下向下攀爬，常从一棵树干上部飞落到另一棵树干中部或下部，而后向上攀爬。边爬边敲啄树木，觅食树皮缝隙中的昆虫。普通䴓主要以鞘翅目、鳞翅目、半翅膜和膜翅目昆虫为食，也吃少量蜗牛、蜘蛛等其他无脊椎动物，植物性食物有红松子、麻子、玉米等。

普通䴓繁殖期在 4 ～ 6 月。营巢在溪流沿岸或潮湿而开阔且有老龄树木的混交林内，在啄木鸟废弃的树洞或自然树洞中，洞口距地多在 3 ～ 10 米；洞口通常用泥堵抹成圆形，内垫有树叶和柔软的树皮；每窝产卵 6 ～ 12 枚，卵呈粉白色，密被紫褐色斑；孵卵由雌鸟承担，孵化期 17 天；雏鸟晚成性，育雏期 18 ～ 19 天。

◆ **种群动态与保护措施**

普通䴓在中国分布较广，种群数量较多，是中国林区常见的一种食虫鸟类，大量捕食各类森林害虫，在森林保护中意义很大。已有部分地区将普通䴓列入地方重点野生动物保护名单。

丽星鹩鹛

丽星鹩鹛是雀形目丽星鹩鹛科丽星鹩鹛属唯一种。

◆ **地理分布**

丽星鹩鹛为鸣禽，单型种，无亚种分化。在中国分布于云南西部盈江、沧源和东南部河口以及浙江、福建西北部山区；在国外分布于不丹、孟加拉国、印度东北部和缅甸等地。

◆ **形态特征**

丽星鹩鹛体形较小，体长 10 ～ 11 厘米。雌雄羽色相似，上体（包括两翅覆羽）暗褐色或缀有棕色，特别是腰和尾上覆羽较明显；上体各羽均具有 1 个小的白色次端斑点，白色斑点前后均缘以黑色；飞羽具棕褐色和黑色相间横斑；尾红褐或淡棕褐色具黑色横斑。下体淡黄褐色或暗黄色，腹

丽星鹩鹛

和两胁棕色，各羽均具三角形白色斑点，白色斑点上还有更小的黑斑。丽星鹩鹛虹膜褐色，嘴角褐色，脚和趾均为角褐色。

◆ **生物学习性**

丽星鹩鹛为留鸟。主要栖息于海拔 1000 ～ 2500 米的山地森林中，

尤以林下灌木和草本植物发达的阴暗而潮湿的常绿阔叶林以及溪流与沟谷的林中较常见。丽星鹩鹛具地栖性，主要在林下灌木丛和草丛间活动和觅食；善于在地面奔跑，一般很少起飞；每次飞行距离都比较短，多在树丛间飞翔穿梭。鸣声响亮而单调，为不断重复的三声一度的单音节哨声。主要以昆虫及其幼虫为食。

丽星鹩鹛繁殖期在 4 ～ 7 月，营巢于海拔 3000 米以下的密林地面，尤其是溪流岸边和岩石沟谷区域较多；巢常被灌丛、草丛或枯枝落叶所遮掩，甚为隐蔽。巢呈杯状，主要由枯草茎、枯草叶和根等编织而成，其内有时垫有少量羽毛。每窝产卵 3 ～ 4 枚，卵呈纯白色，偶尔被有少许红褐色斑点。

◆ 种群动态与保护措施

2014 年的一项研究表明，丽星鹩鹛是鸣禽中一类特殊的群体，其基因组成证明它应属于雀形目中一个独立的科，即丽星鹩鹛科，而这个科仅有 1 属 1 种，因此，丽星鹩鹛在鸟类学研究中具有特殊的意义，应该予以重点保护。丽星鹩鹛分布区域狭窄，种群数量极为稀少，属于珍稀濒危鸟类。该物种已被中国列入《国家保护的有益的或者有重要经济、科学研究价值的陆生野生动物名录》，也已被国际鸟盟（Bird Life International）列入全球濒危鸟类名录。

鹩 哥

鹩哥是雀形目椋鸟科鹩哥属的一种。又称了哥、秦吉了、海南八哥、九宫、九宫哥、秦吉鸟、山地八哥等。

◆ **地理分布**

鹩哥共有 7 个亚种，分布于印度北部和中南半岛一带，中国仅分布 1 个亚种，即华南亚种，见于云南西部的盈江和南部的西双版纳、广西西南部、广东、澳门、香港和海南岛。

◆ **形态特征**

鹩哥为中型鸣禽，体长 27 ～ 30 厘米。雌雄羽色相似，通体黑色，头部和颈部具紫黑色金属光泽；眼先和头侧被以绒黑色短羽，头顶中央羽毛硬密而卷曲，眼下有一橙黄色裸皮，与之相连的有一黄色肉垂，自眼下开始向后经头侧延伸到后枕部；背、肩具金属紫黑色光泽，腰和尾上覆羽具绿黑色光泽，两翅和尾羽黑色而少光泽；初级飞羽基部白色，形成一宽阔的白色翅斑；颏、喉蓝黑色，其余下体黑色，羽缘紫黑色具金属光泽；虹膜褐色，带有一白色外圈；嘴橙黄色，头侧肉垂和裸皮黄色；脚亮黄色。

鹩哥

◆ **生物学习性**

鹩哥为留鸟。主要栖息于低山丘陵和山脚平原地区的次生林、常绿阔叶林、落叶阔叶林、竹林和混交林中，尤以林缘疏林地区较常见，也见于耕地、旷野和村寨附近的小块树林中。常成 3 ～ 5 只的小群活动，冬季则多集成 10 ～ 20 只的大群。鸣声清脆、响亮而婉转多变，繁殖期间更善鸣叫，常常彼此互相呼应。鹩哥主要以蝗虫、蚱蜢、白蚁等昆虫为食，也吃无花果、榕果等植物果实和种子。

鹩哥繁殖期在 3～5 月；营巢于稀疏杂木林、致密的常绿林，或在开阔地区和作物区的老朽的树洞内；巢中仅堆砌一些枯叶、野草、稻草、树枝、蛇蜕等；每窝产卵 2～3 枚，卵呈长椭圆形，端部或钝或尖，呈带绿的蓝色，并有不同程度浓淡的咖啡色至红褐色斑点；孵化期 15～18 天；雌鸟孵卵，雄鸟护巢；育雏期 1 个月左右。

◆ 种群动态与保护措施

由于鹩哥是传统的观赏鸟类，导致它被人类过度捕捉，再加上栖息环境恶化等原因，致使其分布区日益狭小、种群数量日趋减少。在中国，曾有分布记载的广西南部已未见有任何报道，或许已在广西境内绝迹；在云南的野外数量也很稀少，仅在海南岛还有一定种群数量。该物种已被中国列入《国家保护的有益的或者有重要经济、科学研究价值的陆生野生动物名录》，此外还有部分地区将其列入地方野生动物保护名单。国际上，鹩哥已被列入《濒危野生动植物种国际贸易公约》（CITES）附录二中，属于控制商业贸易的鸟类，所有活体或标本的出口必须事先取得 CITES 履约主管部门的出口许可证。

椋　鸟

椋鸟是雀形目椋鸟科椋属种类的统称。椋鸟有 16 种，分布于非洲、欧洲、亚洲和美洲。中国有 12 种椋鸟，见于东北、西北、西南、华南、华东和台湾等地区。

椋鸟全长 172 ～ 296 毫米。椋鸟嘴形直而尖，无嘴须；额羽短，向后倾；头侧通常完全被羽。粉红椋鸟是此属的典型代表。粉红椋鸟头、颈、胸、翼上覆羽，三级飞羽及尾羽均为辉亮的褐黑色；尾下覆羽呈黑褐色；上、下体余部呈粉红色。雌鸟与雄鸟相似，但雌鸟羽色较暗淡，上体在粉红色中常杂以灰色斑纹；在中国为夏候鸟，每年秋间迁往印度、斯里兰卡等地越冬。在 5 ～ 6 月间繁殖，集大群营巢，最多可达千只；喜群居，巢的密度很大，平均每平方米有 2 个巢，最多可达 4 ～ 5 个巢；鸟巢营造在乱石堆或峭壁的缝隙间，呈盘状，以树枝搭成。每巢育出 1 ～ 7 只雏鸟；能吃大量蝗虫、螽斯，也吃蟋蟀、蚱蜢、甲虫、毛虫、小蜥蜴、浆果、谷物、草籽等；在啄食地上的蝗虫及卵时，鸟群好像滚滚的波涛向前汹涌。当蝗虫迁飞时，它们腾空而起，在空中进行捕捉。

长尾山雀

长尾山雀是雀形目长尾山雀科的一属。

长尾山雀体形较小，体长 9 ～ 16 厘米。雌雄相似，嘴短而粗厚，翅短而圆，尾巴较长。体羽蓬松，绒羽发达，羽毛丰满；主要栖息于森林中，以针阔混交林和阔叶林较常见；主食昆虫、蜘蛛等节肢动物，也吃少量植物种子和嫩芽，常小群活动；营巢于树上或灌丛中，巢为口袋状，开口于侧面上方。中国有 1 属 6 种长尾山雀，其中以银喉长尾山雀和红头长尾山雀较为常见。繁殖时部分种群存在合作繁殖行为。

银喉长尾山雀在全世界有 10 余个亚种，在中国有 2 个亚种：①指名亚种。分布于河南南部、山西南部、甘肃、湖北南部、湖南北部、安徽、江苏和浙江等地。其外形似华北亚种，但头顶中央纵纹较宽且为黄灰色，头侧和下体略呈棕色，体形略小。②华北亚种。在河北、北京、天津、山东、山西、陕西、宁夏、甘肃、内蒙古、青海、新疆、云南和四川等地有分布。其头顶中央至枕部灰白色微沾葡萄红褐色，头顶两侧和枕侧灰黑色，形成两条宽阔的黑色侧冠纹和污白色中央冠纹。前额、眼先、颊和颈侧灰白色微沾葡萄红褐色，背至尾上覆羽蓝灰色，翅黑褐色，尾黑色。颏、喉污白色，喉部中央有一灰黑色块斑。在中国分布于东北地区，头部纯白色，背部黑色，肩和腰部葡萄红色。羽端白色，尾上覆羽，尾羽黑色，下体白色，腹部和两胁沾葡萄红色，尾下覆羽暗葡萄红色。该亚种连同国际上其他银喉长尾山雀的亚种一起被划归为一个独立物种，即北长尾山雀。

北长尾山雀

红头长尾山雀主要分布于中国华南、华中地区以及缅甸、尼泊尔等国。在中国有指名亚种、云南亚种及西藏亚种3个亚种。其主要特征为头顶及颈背棕色，过眼纹宽而黑，颏及喉白且具黑色圆形胸带，下体白而具不同程度的栗色。指名亚种胸带和两胁栗色，胸带较宽；云南亚种胸带和两胁暗栗色，胸带较窄；西藏亚种胸部无栗带，且眉纹白色。

冕雀

冕雀是雀形目山雀科冕雀属的一种。

◆ 地理分布

冕雀共有 4 个亚种，中国有 3 个亚种。指名亚种在中国分布于云南西部的盈江、耿马、西盟和南部的勐海、勐腊、景洪等地，国际上分布于尼泊尔、孟加拉国、印度阿萨姆、缅甸和泰国北部；华南亚种在中国分布于福建南坪、福州和广西龙州等地，国际上分布于中南半岛；海南亚种在中国分布于海南岛尖峰岭、吊罗山、五指山、霸王岭等地，国际上分布于缅甸南部、马来西亚和印度尼西亚苏门答腊等地。

◆ 形态特征

冕雀为小型鸣禽，体长 17 ～ 20 厘米。雄鸟头顶、冠羽、腹部和尾下覆羽辉黄色，余部黑色；雌鸟额、羽冠和腹部黄色较雄鸟稍淡而暗，头部、颈、背、腰和尾上覆羽呈亮橄榄绿色。额、喉、胸呈暗黄褐色。翼和尾羽黑而微沾绿色；虹膜暗褐色或红褐色；嘴黑色；脚暗铅色。冕雀幼鸟和雌鸟相似，但羽冠不及成鸟长而显著。

◆ 生物学习性

冕雀为留鸟。主要栖息于海拔 1000 米以下的常绿阔叶林和热带雨林中，也栖息于落叶阔叶林、次生林、竹丛和灌丛；常单独或成对活动，偶尔也集成 3 ～ 5 只的小群，冬季有时也和雀鹛、噪鹛等其他鸟类混群；常在树顶枝叶间跳跃穿梭或在树冠间飞来飞去，也在林下竹丛和灌丛中活动和觅食，主要以鞘翅目、鳞翅目昆虫和昆虫幼虫为食。冕雀繁殖期在 4 ～ 6 月；营巢于天然树洞或树的裂缝中，也在墙壁缝隙中营巢；巢呈杯状，主要由苔藓、草叶、草茎等材料构成，内垫有兽毛和植物纤维；每窝产卵 5 ～ 7 枚，卵呈白色，被有红色或褐色斑点。

◆ 种群动态与保护措施

冕雀主要以昆虫为食，属于益鸟，在植物保护中有较大作用。冕雀在中国虽然尚有比较稳定的种群数量，但分布区域较为狭窄，还需要加强保护。已被列入中国国家林业和草原局《国家保护的有益的或者有重要经济、科学研究价值的陆生野生动物名录》，此外还有部分地区将其列入地方野生动物保护名单。

黄 鹂

黄鹂是雀形目黄鹂科一属种类的统称。为著名食虫益鸟。世界有 27 种，广布于古北界和东洋界，以东洋界为分布中心。中国有 5 种，以黑枕黄鹂为典型代表。黄鹂羽色呈鲜黄色，但也有的以红或黑或白色为主。

黑枕黄鹂又称黄莺，全长 22 ～ 26 厘米。通体呈鲜黄色，自脸侧至后头有 1 条宽黑纹，翅、尾羽大部呈黑色。喙较

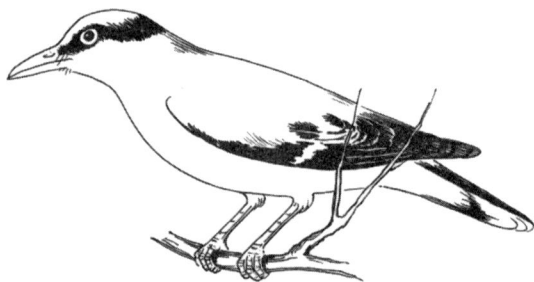

黑枕黄鹂

粗壮，上嘴先端微下弯并具缺刻，嘴呈粉红色。翅尖而长，尾为凸形。腿短弱，适于树栖，不善步行。腿、脚呈铅蓝色。雌鸟羽色染绿，不如雄鸟羽色鲜丽；幼鸟羽色似雌鸟，下体具黑褐色纵纹。

　　黄鹂主要生活在阔叶林中。取食蝗虫、蛾类、甲虫、蝇类，秋季也吃浆果。雄鸟在繁殖期鸣声清脆悦耳。雌雄共同以树皮、麻类纤维、草茎等在水平枝杈间编成吊篮状悬巢。每窝产卵 4 枚，卵呈粉红色，杂以稀疏的紫色和玫瑰色斑点，卵壳有光泽。雌鸟孵卵。孵化期 13～16 天，育雏期约 16 天。黄鹂幼鸟离巢后仍家族群聚，至迁徙时离散，在印度、中国及东南亚一带越冬。

画　眉

　　画眉是雀形目画眉科噪鹛属一种。因眼圈呈白色且向后延伸成眉状得名。分布于中国南部和越南及老挝的北部。画眉体形似鸫，全长 19～25 厘米。通体呈棕褐色，腹部中央呈灰色。雌雄外形相似。

　　画眉栖息在山丘的灌丛和村落附近的灌丛、草丛中，在城郊的灌丛、竹林间也可见到。喜单独活动，有时也结小群，性机敏而胆怯。雄鸟好斗，常追逐其他种鸟类。受惊时，急速窜逃。飞

画眉

翔能力不强，常在灌丛中边飞边跳，不作远距离飞行。画眉主要以昆虫为食，有时也吃野果、植物种子。鸣声婉转，善于模仿其他鸟类鸣叫。在作物生长时期，能摄食大量害虫，对农林业有益。

鹊鸲

鹊鸲是雀形目鸫科鹊鸲属一种。全长约 21 厘米。羽色黑白相间似鹊得名。终年留居东洋界。中国见于长江以南地区。

鹊鸲上体自前额至尾上覆羽，下体自颏至胸均辉黑闪蓝；中央 2 对尾羽呈黑褐色，外侧尾羽几乎呈纯白色；两翅大都呈黑褐色，自翼角有一道白色斜纹直伸至居中的次级飞羽，黑羽衬白，特别明显；下体自胸以下几乎呈纯白色，两胁及尾下覆羽略带灰棕色。雌雄相似，但雌鸟上体多呈黑灰色，头侧以及喉、胸等呈暗灰色，亦无金属光泽。

鹊鸲平时常在粪堆或垃圾堆寻食。所食绝大部分为各种农林害虫，如金龟甲、象甲、蠰象、松毛虫等，尤嗜蝇蛆。鹊鸲性活跃，整天飞动不停，早晚寻食更勤。常栖于枝头或墙脊上，展翅摆尾，发出嘹亮的歌声，婉转多韵，颇似画眉。巢以苔藓、干草等乱砌而成，简陋粗糙，常筑于屋檐、墙隙中。每窝产卵 5 枚，卵呈淡绿色且杂有斑点。

鹊鸲

燕

燕是雀形目燕科一属。俗称燕子。燕类体小型。共有 20 种，中国有 11 种，其中以家燕和金腰燕等比较常见。燕子全长 13～18 厘米。翅尖长，尾叉形。背羽大都呈辉蓝黑色。翅尖长，善飞，嘴短弱，嘴裂宽，为典型食虫鸟类的嘴形。脚短小而爪较强。家燕前额及上胸呈栗红色，后胸有不整齐黑横带，腹部呈乳白色。

燕子一般在 4～7 月繁殖。家燕在农家屋檐下营巢，以衔来的泥和草茎用唾液黏结而成，内铺以细软杂草、羽毛、破布等，还有一些青蒿叶。巢为皿状。每年繁殖 2 窝，大多在 5 月至 6 月初和 6 月中旬至 7 月初。每窝产卵 4～6 枚。第二窝少些，为 2～5 枚。卵呈乳白色。燕子雌雄共同孵卵。14～15 天幼鸟出壳，亲鸟共同饲喂。雏鸟约 20 天出飞，再喂 5～6 天，就可自己取食。食物均为昆虫。

家燕

金腰燕体形似家燕，但稍大些，腰部呈栗黄，非常明显夺目，下体有细小黑纹，易与家燕相区别。习性亦与家燕相似，但大都栖息于山地村落间。

燕是典型的迁徙鸟。繁殖结束后，幼鸟仍跟随成鸟活动，并逐渐集成大群，在第一次寒潮到来前南迁越冬。

鹡 鸰

鹡鸰是雀形目鹡鸰科鹡鸰属的一种。

◆ 地理分布

鹡鸰分布于美洲、欧洲、亚洲及非洲北部，共有 44 个亚种。在中国，有 7 个亚种，分布于大多数地区。鹡鸰为留鸟或冬候鸟。

◆ **形态特征**

鹪鹩为小型鸣禽，体长 10 ～ 13
厘米，两性相似。头侧浅褐，杂棕
白色细纹；眉纹浅棕白色；上体棕
褐色，下背至尾以及两翅满布黑褐
色横斑；下体浅棕褐色，自胸以下
亦杂以黑褐色横斑，尾常上翘。

鹪鹩

◆ **生物学习性**

鹪鹩栖息于森林边缘、灌丛、农田、果园等生境；一般单独、成双或
以家庭集小群进行活动。性活泼而胆怯，鸣声清脆响亮。夏天在 3900
米的山顶也能见到，冬季下移到平原和丘陵地带，主要取食蛾类、天牛、
小蠹、象甲、蝽象等无脊椎动物。栖止时，鹪鹩常从低枝逐渐跃向高枝。

鹪鹩繁殖期在 4 ～ 8 月；雌雄鸟共同筑巢，巢多筑在小溪和河流岸
边阴暗潮湿的树根下，或在岩石、建筑物、倒木等的缝隙中，以细枝、
松针、草叶、树叶、苔藓、羽毛、兽毛等物交织而成，呈深碗状或球形；
每窝产卵 4 ～ 6 枚，卵呈白色，杂以褐色和红褐色细斑；由雌鸟单独孵
卵；雏鸟经 13 ～ 14 天孵化后出壳，由雌雄亲鸟共同育雏。

灰鹡鸰

灰鹡鸰是雀形目鹡鸰科鹡鸰属的一种。又称马兰花儿、黄鸰等。

◆ **地理分布**

灰鹡鸰共 6 个亚种，分布于欧洲、亚洲和非洲。中国仅有 1 个亚种，

即普通亚种，在黑龙江、吉林、辽宁、内蒙古、河北、山西、陕西、甘肃、四川北部、青海东部和西藏南部等地均有分布，为夏候鸟，部分为旅鸟；迁徙期间也见于河南、山东、安徽、江苏、浙江、湖北、四川中部和西部及西南部、西藏南部和西部、青海东北部、甘肃西北部、祁连山及新疆等地；越冬于长江以南至东南沿海，包括台湾岛和海南岛，西至云南西部。

◆ **形态特征**

灰鹡鸰为小型鸣禽，体长 16 ~ 19 厘米。雄鸟上体灰褐色，尾上覆羽染绿；中央尾羽黑色，外侧尾羽黑褐色，具大型白斑；头具白色眉纹及黑色过眼纹；喉部夏季为黑色，冬季为黄色；翼下覆羽与背羽同色；飞羽黑色，内侧飞羽具明显白缘；下体黄色。灰鹡鸰雌鸟和雄鸟相似，但雌鸟上体绿灰色，额、喉白色；虹膜褐色，嘴黑褐色或黑色，跗跖和趾暗绿色或角褐色。

◆ **生物学习性**

灰鹡鸰主要栖息于溪流、河谷、湖泊、水塘、沼泽等水域岸边或水域附近的草地、农田、住宅和林区居民点，尤其喜欢在山区河流岸边和道路上活动，也出现在林中溪流和城市公园中。从海拔高度为 2000 米的平原草地到 2000 米以上的高山荒原、湿地均有栖息；常单独或成对活动，有时也集成小群或与白鹡鸰混群。灰鹡鸰飞行时两翅一展一收，呈波浪式前进；飞行时不断发出鸣叫声。常停栖于水边、岩石、电线杆、屋顶等凸出物体上，有时也栖于小树顶端枝头和水中露出水面的石头上，尾不断地上下摆动；属于重要的农林益鸟，主要以鞘翅目、鳞翅目、直翅目、半翅目、双翅目、膜翅目昆虫为食，常沿河边、道路行走或跑步捕食，有时也在空中捕食。

灰鹡鸰繁殖期在 5～7 月；营巢在河边土坑、水坝、石头缝隙、石崖台阶、河岸倒木树洞、房屋墙壁缝隙等；巢呈碗状，外壁多以枯草叶、枯草茎、枯草根和苔藓构成；每窝产卵 4～6 枚。

◆ 种群动态与保护措施

灰鹡鸰在中国很多地方都很容易见到，分布广、数量多，是中国常见的候鸟之一。在中国，灰鹡鸰已被列入国家林业和草原局《国家保护的有益的或者有重要经济、科学研究价值的陆生野生动物名录》，此外还有部分地区将其列入地方野生动物保护名单。

白鹡鸰

白鹡鸰是雀形目鹡鸰科鹡鸰属的一种小型鸣禽。又称马兰花儿、白颤儿、点水雀、白面鸟、白颊鹡鸰等。

◆ 地理分布

白鹡鸰在中国分布很广，几乎遍布全国各地，主要为夏候鸟，部分在中国东南沿海各省（自治区、直辖市）、台湾和海南岛越冬；在国际上分布也很广，几乎遍布整个欧洲、亚洲和非洲。共有 11 个亚种，中国有 7 个亚种。

◆ 形态特征

白鹡鸰体长 16～20 厘米。体色以及头、胸部的黑斑纹变异较大；上体自黑色至深灰色，尾羽黑色，外侧尾羽具显著白斑；额、头侧及颏、喉白色，有黑色过眼纹；翼上覆羽及飞羽具白斑，使翅呈黑白两色；下体白色，胸部具宽窄不等的黑色胸带；虹膜黑褐色；嘴和跗跖黑色。

白鹡鸰

◆ **生物学习性**

　　白鹡鸰主要栖息于河流、湖泊、水库、水塘等水域岸边，也栖息于农田、湿草原、沼泽等湿地，以及水域附近的居民点和公园等地。常单独、成对或呈 3～5 只的小群进行活动；迁徙期间也可见十多只至 20 余只的大群。白鹡鸰多栖于地上或岩石上，有时也栖于小灌木或树上，多在水边或水域附近的草地、农田、荒坡及路边活动，或是在地上慢步行走，或是跑动捕食；鸣声清脆响亮，飞行姿势呈波浪式，有时也较长时间地站在一个地方，尾上下摆动；主要以鞘翅目、双翅目、鳞翅目、膜翅目、直翅目昆虫为食。

　　白鹡鸰繁殖期在 4～7 月。通常营巢于水域附近岩洞、岩壁缝隙、河边土坎、田边石隙以及河岸、灌丛与草丛中。巢呈杯状，外层粗糙、松散，主要由枯草茎、枯草叶和草根构成，内层紧密，主要由树皮纤维、麻、细草根等编织而成；巢内垫有兽毛、绒羽、麻等柔软物。主要以昆虫为食，属于益鸟，在植物保护中有较大作用。每窝产卵通常为 5～6 枚，孵化期 12 天。雏鸟晚成性，孵出后由雌雄亲鸟共同育雏，14 天左右雏鸟即可离巢。

◆ **种群动态与保护措施**

白鹡鸰在中国很多地方都很容易见到，分布广、数量大，是中国常见的夏候鸟之一。在中国，白鹡鸰已被列入国家林业局《国家保护的有益的或者有重要经济、科学研究价值的陆生野生动物名录》，此外还有部分地区将其列入地方野生动物保护名单。

白头鹎

白头鹎是雀形目鹎科鹎属的一种。又称白头翁、白头婆等。

◆ **地理分布**

白头鹎共有 4 个亚种，中国有 3 个亚种。其中，指名亚种是中国特有亚种，分布于辽宁、河北、北京、天津、河南、山东、山西、陕西南部、甘肃东南部、青海、云南东北部、四川、重庆、贵州、湖北、湖南、安徽、江西、江苏、上海、浙江、福建、广东、香港、澳门、广西等地；台湾亚种也是中国特有亚种，仅分布于台湾岛；海南亚种分布于广西南部、广东西南部和海南岛，在国外分布于越南北部。

◆ **形态特征**

白头鹎为小型鸣禽，体长 17 ～ 22 厘米。雄鸟额与头顶黑色，两眼上方至枕羽为白色，老年个体的枕羽更为洁白；上体黄绿色，翅、尾暗褐色；下体白色，胸部有淡灰褐色宽带，腹部杂有黄绿色纵纹。雌鸟羽色似雄鸟，但黑羽染褐。白头鹎虹膜褐色，嘴黑色，脚黑色。

◆ **生物学习性**

白头鹎主要为留鸟，一般不迁徙。主要栖息于海拔 1000 米以下的

低山丘陵和平原地区的灌丛、
草地、有零星树木的疏林荒坡、
果园、村落、田边灌丛、次生
林和竹林，也见于山脚和低山
地区的阔叶林、混交林、针叶
林及其林缘地带。常呈 3～5
只至十多只的小群活动，冬季
有时亦集成20～30只的大群；

白头鹎

多在灌木和小树上活动，性活泼，常在树枝间跳跃，或飞翔于相邻树木
间，一般不做长距离飞行；善鸣叫，鸣声婉转多变。杂食性，动物性食
物主要有鞘翅目、鳞翅目、直翅目、半翅目昆虫和幼虫，特别是在繁殖
季节，几乎完全以昆虫为食，也吃植物果实与种子；属于益鸟，在植物
保护中有较大作用。

白头鹎繁殖期在 4～8 月，营巢于灌木、阔叶树、竹或针叶树上；
巢呈深杯状或碗状，由枯草茎、草叶、细枝、芦苇、茅草、树叶、花序、
竹叶等材料构成；每窝产卵 3～5 枚，卵呈粉红色，被有紫色斑点，也
见有呈白色而布以赭色、深灰色斑点，或白色而布以赭紫色斑点的。

◆ 种群动态与保护措施

白头鹎曾是中国长江流域及其以南广大地区的常见鸟类，现在华北
一带也很容易见到，分布广、数量多。白头鹎已被中国列入国家林业局
《国家保护的有益的或者有重要经济、科学研究价值的陆生野生动物名
录》，此外还有部分地区将其列入地方野生动物保护名单。

鸦

鸦是雀形目鸦科鸦属种类的统称。俗称乌鸦。雀形目鸟类中个体最大的一群。共有 41 种，分布几遍全球。中国有 8 种，大多为留鸟。鸦全长 40 ~ 60 厘米。体羽大多呈黑色或黑白两色，黑羽具紫蓝色金属光泽；翅远长于尾；嘴、腿及脚呈纯黑色；鼻孔距前额约为嘴长的 1/3，鼻须硬直，达到嘴的中部。

秃鼻乌鸦在中国东部至东北部广大平原地区高树上营群巢，通体呈黑色，嘴基背部无羽，露出灰白色皮肤。白颈鸦在华北以南平原至低山的高树上筑巢，很少结群，体羽呈黑色，有鲜明的白色颈圈。寒鸦为中国北方广大山区和近山区常见的小型乌鸦，胸腹白色并具白色颈圈，余部呈黑色；喜在崖洞、树洞、高大建筑物的缝隙中筑巢。大嘴乌鸦在中国东北以南的广大山区繁殖，体形较大，嘴粗壮，通体呈黑色。渡鸦是乌鸦中个体最大的，全长约 60 厘米，通体呈黑色，体羽大部分以及翅、尾羽都有蓝紫色或蓝绿色金属闪光，嘴形甚粗壮，在西藏自治区海拔3000 米以上的高原和山区岩缝中筑巢。秃鼻乌鸦、寒鸦、大嘴乌鸦为中国东部和北部城市内冬季的主要混群越冬鸟类。

乌鸦为森林草原鸟类，栖于林缘或山崖，到旷野挖啄食物。集群性强，除少数种类（如白颈鸦）外，常结群营巢，并在秋冬季节混群游

白颈鸦

荡。行为复杂，表现有较强的智力和社会性活动。鸣声简单粗厉。杂食性，很多种类喜食腐肉，并对秧苗和谷物有一定害处。但在繁殖期间，主要取食小型脊椎动物、蝗虫、蝼蛄、金龟甲及蛾类幼虫，有益于农。此外，因喜腐食和啄食农业垃圾，乌鸦能消除动物尸体等对环境的污染，起着净化环境的作用。乌鸦一般性格凶悍，富于侵略习性，常掠食水禽、涉禽巢内的卵和雏鸟。

乌鸦繁殖期的求偶炫耀比较复杂，并伴有杂技式的飞行。雌雄共同筑巢。巢呈盆状，以粗枝编成，枝条间用泥土加固，内壁衬以细枝、草茎、棉麻纤维、兽毛、羽毛等，有时垫一厚层马粪。每窝产卵 5～7 枚。卵呈灰绿色，布有褐色、灰色细斑。雌鸟孵卵，孵化期 16～20 天。雏鸟为晚成性，亲鸟饲喂 1 个月左右方能独立活动。

乌　鸫

乌鸫是雀形目鸫科鸫属的一种。又称百舌、反舌、白舌、黑鸟、黑鸫、黑山雀等。

◆ 地理分布

乌鸫共有 9 个亚种，中国有 4 个亚种。其中，普通亚种是中国特有亚种，分布于四川、贵州、云南、湖南、江西、安徽、浙江、上海、福建、广东、香港、海南和台湾等西南和长江以南的广大地区，往北可达河南南部、陕西南部和甘肃西南部，在西南地区和长江以南主要为留鸟，在广东、海南和台湾多为冬候鸟；新疆亚种在中国主要分布于新疆和青海西北部，在国外分布于中亚、阿富汗、巴基斯坦、伊朗和伊拉克；西藏亚种在中国主要分布于西藏，在国外分布于巴基斯坦、印度和不丹；四川亚种也是中国特有亚种，仅分布于四川乐山、峨眉、成都、汶川和重庆巴南区等地。

◆ 形态特征

乌鸫为中型鸣禽，体长20～28厘米。雄鸟上体包括两翼和尾等黑色，下体黑褐，颏部缀以棕褐色羽缘，喉亦微有此色渲染。乌鸫雌鸟上体包括两翼和尾黑褐色，

乌鸫

背部较浅，颏和喉均浅栗褐，缀以黑褐色纵纹，下体余部亦黑褐，但稍沾栗色；虹膜褐色，嘴橙黄色或黄色，脚黑褐色。

◆ 生物学习性

乌鸫在中国主要为留鸟，在长江以北地区部分迁徙或游荡，随着气候变暖，分布区向北扩展趋势明显。主要栖息于次生林、阔叶林、针阔叶混交林和针叶林等各种不同类型的森林中，海拔高度从数百米到4500米均可遇见，也见于农田地旁的树林、果园和城市公园、居民小区附近；常常单独或成对活动，有时也集成小群；多在地上觅食，平时多栖于乔木上，繁殖期间常隐匿于高大乔木顶部枝叶丛中，不停地鸣叫；主要以鳞翅目、半翅目、膜翅目、鞘翅目昆虫和昆虫幼虫为食，也吃马陆、蚯蚓、蠕虫、蜗牛、小螺等无脊椎动物以及植物果实和种子。乌鸫属于农林益鸟，在植物保护中有较大作用。

乌鸫繁殖期在 4 ～ 6 月；通常营巢于村寨附近、房前屋后、田园中乔木主干分枝处或棕榈树的叶柄间，巢距地高 2 ～ 15 米；巢呈碗状，主要由苔藓、稻草及植物根、茎、叶，并掺杂以棕丝、猪毛和泥土编织而成，巢内垫有须根等柔软物质；每窝产卵 5 ～ 6 枚，卵呈淡蓝灰色，也有近白色的，被有深浅不等的赭褐色斑点，尤以钝端较密；孵化期为 14 ～ 15 天。

◆ **保护措施**

乌鸫分布广，种群数量较大，是中国常见的鸟类之一，已有部分省（自治区、直辖市）将其列入地方野生动物保护名单，但尚缺乏全国性的保护措施。

金丝雀

金丝雀是雀形目燕雀科丝雀属的一种。又称芙蓉鸟、芙蓉、白玉鸟、白玉、白燕、燕子、玉鸟等。

◆ **地理分布**

金丝雀分布于非洲西北部附近大西洋上的加那利、马狄拿、爱苏利兹等群岛上。

◆ **形态特征**

金丝雀为小型鸣禽，体长 12 ～ 14 厘米。金丝雀野生个体的体羽主要呈灰色，经人工饲养后羽色发生了许多变化，出现了黄色、白色、绿色、花色、辣椒红色、橘红色、古铜色、桂皮色等羽色，在这些羽色中又有深浅色的差异，使人工饲养的金丝雀的羽毛颜色更加丰富。体形和姿态也发生了很大的变化，出现了不同的品系。

◆ 生物学习性

野生金丝雀喜欢结群生活；主要以植物种子等为食，夏季也吃昆虫。金丝雀每年 1～7 月繁殖，巢为杯状，每窝产卵 4～5 枚，孵卵主要由雌鸟担任，孵化期 14～16 天。

金丝雀为著名观赏鸟类，饲养技术比较成熟。饲料由干料、粉料、青菜、水、矿物质组成。由于金丝雀身体比较娇弱，抗病、抗寒能力不强，应让它们多活动。

◆ 种群动态

在中国，金丝雀是饲养比较普遍、数量较多的笼养鸟之一，可以进行人工繁殖。由于金丝雀在中国没有野生种群，尚无针对这种鸟类的保护措施。

阔嘴鸟

阔嘴鸟是雀形目阔嘴鸟科鸟类的统称。

阔嘴鸟有 8 属 15 种，分布于非洲和东南亚。在中国仅有 2 属 2 种，即长尾阔嘴鸟和银胸丝冠鸟，分布于云南、广西及喜马拉雅山区。

阔嘴鸟嘴形粗厚而宽阔，全长 250～270 毫米。脚短而弱，前 3 趾基部并连，称并趾型；跗跖大部由单列大型的卷型鳞所包被。

阔嘴鸟栖息于热带、亚热带森林中，特别是近水的密林、灌丛间。叫声刺耳，叫时尾上下摆动，上下嘴碰撞发出"扎、扎"声响。阔嘴鸟以鞘翅目昆虫和蜘蛛为主要食物，也吃少量种子、树芽和核果。

阔嘴鸟巢呈梨形，以细枝、草、树叶和苔藓等构成，吊于临水树枝、竹梢或藤条上。每窝产卵 5～6 枚，卵壳上常缀有小点斑。

山麻雀

　　山麻雀是雀形目雀科麻雀属一种。因平时栖息于山地得名。分布于东南亚、东亚。在中国主要分布于秦岭以南地区。山麻雀在山地繁殖，秋季南迁越冬。山麻雀体形近似麻雀。全长约 14 厘米。雄鸟上体除尾上覆羽呈暗灰褐外，全呈栗红色；尾呈黑褐色，两翅亦大都呈黑褐色，初级飞羽贯以 2 道黄白色横斑。眼线带黑，眉纹微白，头侧呈灰白色；额和喉的中央呈黑色；下体余部呈灰白色。雌鸟上体大都呈暗橄榄褐色，背羽杂以黑褐和棕黄色纵纹；眉纹呈黄白色，其下面有一黑褐色贯眼纹；头侧和下体呈乳黄色，腹部中央接近白色。

　　山麻雀大多在林间和作物地区成群活动。叫声不如麻雀喧噪。繁殖期间嗜食昆虫，并以虫类喂食雏鸟；繁殖期过后，食物以谷物及其他种子为主。山麻雀巢以杂草、细根等筑成，并混以残羽、纤维等，筑于树洞或房舍茅草屋顶间。每窝产卵 4 ～ 6 枚。

山麻雀

琴　鸟

　　琴鸟是雀形目一属。有华丽琴鸟和艾氏琴鸟两种。仅分布于澳大利亚的新南威尔士。

琴鸟是雀形目中体形较大者，体形略似母鸡；通体浅褐色。因整个尾形颇似古希腊七弦竖琴，因而得名。雄鸟最外侧的尾羽先端外卷成弧形，上缀金褐色冠状斑，边缘呈黑色；中间 12 枚尾羽纤细如丝；还有 2 枚触角状羽；雌鸟不具此种装饰羽。

琴鸟生活于热带雨林的密林中，营地栖生活。雄鸟善效鸣鹦鹉及其他鸟类的鸣声，甚至可效仿某些兽叫和人的语言。雌鸟也会效鸣，但远不如雄鸟。琴鸟婚配制度为一雄多雌。在 5～6 月营巢，筑于高树上；巢呈圆顶状，由雌鸟完成。求偶期间，雄鸟在树顶上搭一个直径约 1 米的圆形"舞台"，且舞且歌，琴羽横伸，纤羽上摆，犹如一把阳伞。雌鸟的尾羽在繁殖期间卷向一侧。

琴鸟是一种珍贵的观赏鸟类，美丽的琴尾和学舌的本领都深为人们喜爱。琴鸟过去常被乱捕滥猎，现在已严加保护，并被其他国家引种驯养。

山椒鸟

山椒鸟是雀形目山椒鸟科一属。

山椒鸟有 13 种，主要分布于东半球温暖地带。在中国有 7 种，分布于东南部温暖地带。山椒鸟常见的种类有长尾山椒鸟、灰山椒鸟等。

山椒鸟全长 16～20 厘米；嘴形狭而侧扁；尾呈深凸状，甚长，最外侧尾羽不及尾长的一半。翅形稍长而尖；多数雄鸟的体羽呈黑色和红色，雌鸟呈黑色、橙黄或灰色。

山椒鸟通常结群活动于树木顶端。在空中捕捉飞虫后，返回原地，栖息枝头；或者集群活动在树枝间啄食昆虫。飞行时红黄色互相辉映，边飞边鸣，此呼彼应；繁殖期间成对生活；5～6月间在海拔较高的山地树顶端营巢；巢呈杯状，用细草、根须、松针等柔软的植物筑成，巢外敷以苔藓、蜘蛛网加固；巢通常距地面 20～25 米；每窝产卵 2～5 枚，卵呈白色、灰白色、浅蓝绿色并缀斑点或斑块；由雌鸟孵卵，雄鸟在巢区附近警戒；孵化期 13～14 天。山椒鸟是益鸟，主要取食毛虫、蝽象、金龟甲等农林害虫。

太平鸟

太平鸟是雀形目太平鸟科一属。

太平鸟在世界上共有 3 种，其中中国有 2 种，即太平鸟和小太平鸟。分布于中国西南、东北、华北、中南、华东、台湾。

太平鸟全长 166～205 毫米。嘴较短；头顶有一簇柔软冠羽；两翅尖长，次级飞羽的羽干末端有的具红色蜡状斑；尾羽具红或黄端；跗跖甚短。太平鸟体羽松软；额和头顶前部呈栗色；头顶和后头呈灰栗色，头部羽毛向后延伸，构成明显尖形的冠羽；上体呈灰褐色；额、喉呈黑色；耳羽和颈侧成浅栗色；两翅尖长，斜贯一道白纹；腹部呈深灰色，下腹中央呈黄白色；尾羽口枚，短而圆，先端呈黄色，因而俗称十二黄。

太平鸟常数十只、上百只聚集成群，栖息于针叶林或针阔混交林中。太平鸟主

太平鸟

要吃植物性食物，也兼吃昆虫。太平鸟在中国北部繁殖，仅在秋冬季见于中国内蒙古、东北、华北、西南一带，偶见于新疆、甘肃、福建等地。

太阳鸟

太阳鸟是雀形目花蜜鸟科一属。

太阳鸟共有 17 种，分布于亚洲南部、菲律宾群岛和印度尼西亚。中国有 6 种。

太阳鸟体形纤细，全长 79 ～ 203 毫米；嘴细长而下弯，嘴缘先端具细小的锯齿；舌呈管状，尖端分叉；尾呈楔形，雄鸟中央尾羽特别延长。

太阳鸟属的常见种是黄腰太阳鸟。黄腰太阳鸟雄鸟额和头顶前部呈绿色带金属光泽，头顶后部和枕部呈橄榄褐色；背部呈红色，下背及腰部呈亮黄色；尾上覆羽和中央尾羽与额部同色；额、喉及胸呈鲜朱红色，远较背部红色鲜亮；下体余部呈淡灰黄沾绿色。黄腰太阳鸟雌鸟额至枕部呈灰褐色；眼呈灰色；上体呈橄榄绿色，腰和尾上覆羽沾黄；中央尾羽不似雄鸟那样细长；下体呈暗灰黄色。

太阳鸟

太阳鸟性活泼，常单只、成对或成小群在次生阔叶林或开花的乔木、灌木上活动；成群觅食时，常互相唤叫；飞行能力强而急速，喜急鼓两翅悬飞在花前；主要以花蜜为食，用细长的嘴探入花朵内，以管状的舌吸吮花蜜；也吃花蕊、蜘蛛、膜翅目昆虫、蚁类、双翅目昆虫、寄生蜂、虻类以及种子等。

太阳鸟在中国云南东南部和广东南部繁殖。巢呈梨状，有的巢外以苔藓根、杂草构成，内衬以纤细的花茎，巢内有由细丝状的种子绒毛构成的厚垫；有的巢外以苔藓根和其他树枝掺以苔藓和蜘蛛丝构成，内垫以棉花状纤维。

太阳鸟羽色艳丽，常被饲养作为观赏鸟。

文　鸟

文鸟是雀形目梅花雀科一属。

文鸟翅形尖，第 1 枚飞羽较短，不超过大覆羽；中央尾羽形狭而端尖。文鸟共有 39 种，主要分布于非洲南部、大洋洲、印度、东南亚和中国华南地区。中国有白腰文鸟等 3 种。

白腰文鸟体形似麻雀，额、眼先、眼周、颏、喉等呈黑褐色；耳羽、颈侧以至胸部呈棕栗色，各羽有白色羽干斑和淡黄色羽端；上体自头顶至背部呈暗沙褐色，并有白色羽干纹；腰部前半呈白色，后半和尾上覆羽呈棕褐色，亦有黄白色羽干纹；尾呈黑色，中央尾羽延长而末端呈楔形；翅呈黑褐色，内

白腰文鸟

侧覆羽和飞羽均具白色羽干纹；下胸、腹部和两胁呈灰白色，亦有浅褐色纵纹，尾下覆羽呈棕栗色并杂有浅色羽干纹和淡黄色羽端斑。

文鸟栖息于灌丛中，平时觅食草籽，而在谷物成熟时期常成群啄食稻粒，危害农田；繁殖期兼食昆虫。在各种树及灌丛中营巢，巢由枯草、竹叶、松针等物编织而成，呈曲颈瓶状；每年可产卵数窝，每窝产卵6～7枚，卵呈白色。

文鸟可饲作笼鸟，已培育出众多的品种。

喜　鹊

喜鹊是雀形目鸦科鹊属一种。除美洲与大洋洲外，几乎遍布世界各大陆。在中国，除草原和荒漠地区外，见于全国各地，有4个亚种，均为当地的留鸟。

喜鹊外形似鸦，但具长尾。全长43～46厘米。除腹部及肩部外，通体呈黑色且发蓝绿色的金属光泽。翅短圆，尾远较翅长，呈楔形。嘴、腿、脚纯黑色。雌雄羽色相似。喜鹊幼鸟羽色似成鸟，但黑羽部分染有褐色，金属光泽也不显著。

喜鹊栖息于阔叶林内，在旷野和田间觅食，尤喜在居民点附近活动。除秋季结成小群外，全年大多

灰喜鹊

成对生活。鸣声洪亮。杂食性，繁殖期捕食蝗虫、蝼蛄、地老虎、金龟甲、蛾类幼虫、蛙类等小型动物，也盗食其他鸟类的卵和雏鸟，喜吃瓜果、谷物、植物种子等。喜鹊在高树、烟囱、输电铁塔上营巢，由雌雄共同筑造。巢呈球状，以枯枝编成，内壁填以厚层泥土，内衬草叶、棉絮、兽毛、羽毛等，每年将旧巢添加新枝修补使用。喜鹊为多年性配偶。每窝产卵 5 ～ 8 枚。卵呈淡褐色，布褐色、灰褐色斑点。雌鸟孵卵，孵化期 18 天左右。雏鸟为晚成性，双亲饲喂一个月左右方能离巢。小型猛禽红脚隼常争占其巢。

喜鹊是自古以来深受人们喜爱的鸟类，关于它有很多优美的神话传说，民间将它作为"吉祥"的象征。它在消灭害虫以及清除田间垃圾方面起积极作用。

织布鸟

织布鸟是雀形目织布鸟科一属。代表种有黄胸织布鸟，大小似麻雀；嘴强健；第一枚飞羽较长，超过大覆羽；大多数雄鸟一年有两种羽色，非繁殖季节雄鸟羽色似雌鸟。织布鸟世界有 114 种，主要分布于非洲热带；在中国有 3 种，仅见于云南南部。

织布鸟主要活动于农田附近的草灌丛中，营群集生活，常结成数十以致数百只的大群。性活泼，主要取食植物种子，在稻谷等成熟期中也食稻谷；繁殖期兼食昆虫；在繁殖期中，常数对或 10 余对共同在 1 棵树上营巢；巢呈长把梨形，悬吊于树木的枝梢或棕榈叶上，以草茎、草叶、柳树纤维等编织而成；每窝产卵 2 ～ 5 枚，卵呈纯白色。

鼠鸟目

鼠鸟目是鸟纲的鼠鸟目鸟类的统称，仅有一科，即鼠鸟科，有2属6种。鼠鸟目鸟类只分布于非洲撒哈拉沙漠以南的广大地区。

鼠鸟目鸟类体形大小如麻雀，但尾羽特长，约达体长的2倍，整体外观似鼠；体羽松软；头顶具羽冠；嘴短而曲；脚强，趾长，第1趾能向前后转动；爪长而锐利。雌雄同色。

鼠鸟目鸟类平时在矮树或灌木丛间贴着枝干跳动，作出各种悬挂栖息的姿态，轻捷如鼠，如演杂技一般，故称为鼠鸟。性好结群，常几只挤在一起憩息；飞行时呈波状起伏，也能快速而径直地飞入密林中；主要取食叶芽、花和果实；巢呈浅杯状，置于灌木丛间或树枝上，每窝产卵3～7枚。有的有社会性繁殖习性，由2只以上雌鸟向同一巢内产卵，多只鸟参与孵卵及育雏。雌雄轮流孵卵。鼠鸟目鸟类雏鸟晚成性。代表种是蓝枕鼠鸟。

鹈形目

鹈鹕

鹈鹕是鹈形目鹈鹕科的统称。

◆ 地理分布

全世界共有鹈鹕1属8种，分布于温暖水域，中国共有3种，即卷尾鹈鹕、白鹈鹕和斑嘴鹈鹕。

◆ **形态特征**

鹈鹕为大型水鸟，体长在 105 ～ 188 厘米，雄性个体大于雌性。嘴形宽大直长，上嘴尖端向下弯曲，呈钩状；下嘴具可扩张的大喉囊，可

自由伸缩；舌小，但舌部
肌肉发达；当鹈鹕捕鱼
后，发达的舌部肌肉能控
制喉囊像网袋一样把水
排掉；颈细长，飞行或休
息时，颈部弯曲，能很好
地支持头部和嘴；全身羽
毛密而短，羽色为白色、
桃红色或浅灰褐色；翅膀

鹈鹕

宽大，翼展较宽，扇翅有力，能以超过每小时 40 千米的速度长距离飞行；
脚短，脚趾间有蹼连接。

◆ **生物学习性**

鹈鹕喜爱群居，主要栖息于湖泊、江河、沿海和沼泽地带。鹈鹕大部分可通过群体协作捕鱼。它们会排列成一条直线或是 U 形，用翅膀扑打水面，从而迫使鱼类游入浅水区，当鱼类聚集在浅水区时，鹈鹕便用嘴将它们舀起来。褐鹈鹕则从空中俯冲捕食，袋状的大嘴像渔网一样能把鱼网住。

鹈鹕通常成群繁殖于岛屿，雌雄的配对每年几乎固定。褐鹈鹕、斑嘴鹈鹕和粉红背鹈鹕通常在树上筑巢，其他的种类均在地面筑巢。地面

筑巢的种类巢与巢之间的距离非常近。通常每窝产 2 枚或 3 枚卵，双亲轮流孵化，孵化期为 29 ～ 35 天。雏鸟晚成性，刚出壳后的雏鸟没有羽毛，需要双亲照顾，亲鸟会吐出胃中半消化的鱼肉喂食雏鸟；等雏鸟长大后，把头伸进亲鸟张开嘴巴的皮囊里，啄食带回的小鱼。七八十天以后，幼鸟开始学飞并离巢。3 ～ 4 年性成熟。

◆ 种群动态与保护措施

《中国生物多样性红色名录——脊椎动物卷（2020）》将卷尾鹈鹕、白鹈鹕和斑嘴鹈鹕均评估为濒危（EN）物种。

卷羽鹈鹕

卷羽鹈鹕是鹈形目鹈鹕科的一种。

◆ 地理分布

卷羽鹈鹕分布于欧洲东南部、非洲北部和亚洲东部一带。在中国的繁殖地主要在新疆，越冬时见于山东、江苏、浙江、福建、广东、香港等东南沿海地区及其岛屿，迁徙时经过新疆西部、河北、山西等地，在辽东半岛和台湾岛有时也能见到漂泊的零星个体。

◆ 形态特征

卷羽鹈鹕体形较大，雄性体长可达 180 厘米，重达 13 千克，翼展达 345 厘米；雌性个体比雄性稍小。嘴宽大，直长而尖，铅灰色，上下嘴缘的后半段均为黄色，前端有一个黄色爪状弯钩；下颌上有一个与嘴等长且能伸缩的橘黄色或淡黄色大型喉囊；体羽主要为银白色，并有灰色；飞羽黑色，有白色羽缘；头上的冠羽呈卷曲状；初级飞羽和初级覆羽均为黑色，飞行时可以看到黑色的翅尖。卷羽鹈鹕颊部和眼周裸露的皮肤均为乳黄色或肉色；颈部较长；翅膀宽大；尾羽短而宽；腿较短，脚为蓝灰色，4 趾之间均有蹼。夏季腰和尾下覆羽略带粉红色。

◆ **生物学习性**

卷羽鹈鹕繁殖期栖息于内陆

卷羽鹈鹕

湖泊、江河、沼泽以及沿海地带；迁徙和越冬期间栖息于沿海海面、海湾、江河、湖泊、河口以及沼泽地带等；喜群居，常结成较大的群体活动；善于游泳，但不会潜水，也善于在陆地上行走。飞翔时鼓翼缓慢，但速度很快，还能灵巧地借助风力进行翱翔，呈螺旋状上升。

卷羽鹈鹕主要以鱼类为食，有时也吃甲壳类动物、软体动物、两栖动物，甚至小鸟等；常单独或集 2 ～ 3 只的小群捕鱼；捕鱼时将头猛地扎入水中，将喉囊张得很大，并用宽大的脚蹼推动水流，向前游进，水中的鱼便随着水流入喉囊之内，一口可以吞进十多升的水和大量的鱼，然后将大嘴合拢，滤去水后吞食其中的鱼。集群活动时，还会采用"围剿"的战术来捕食，把鱼群驱赶到靠近岸边的浅水处，趁鱼群乱成一团时，轻而易举地捕获猎物。

卷羽鹈鹕繁殖期在 4 ～ 6 月，营巢于内陆湖泊边缘的芦苇丛中或者沼泽地带，其巢的结构甚为庞大，由树枝和枯草等构成，通常有 1 米高，

63 厘米宽；每窝产卵 1 ～ 6 枚，卵呈淡蓝色或微绿色；由亲鸟轮流孵卵，孵化时间 30 ～ 34 天。刚出壳的小鹈鹕体色灰黑，不久就生出一身浅浅的白绒毛。亲鸟以半消化的鱼肉喂雏鸟，等雏鸟长大后，把头伸进亲鸟张开的嘴巴下方的皮囊里，啄食带回的小鱼。大约 85 天以后，小鹈鹕就开始学飞。

◆ 种群动态与保护措施

卷羽鹈鹕数量呈逐年递减的趋势，已被世界自然保护联盟（IUCN）列为易危（VU）物种，虽然其栖息地分布广泛，但却非常分散。湿地枯竭和渔民捕杀是其数量减少的主要原因，其他威胁还包括游客和渔民的惊扰、湿地栖息地被破坏与改造、水污染以及滥捕滥渔等。

军舰鸟

军舰鸟是鹈形目军舰鸟科一属。军舰鸟分布于南太平洋、大西洋、印度洋。

军舰鸟体长 750 ～ 1120 毫米。翅长而强；嘴长而尖，端部弯成钩状；尾呈深叉状；体羽主要呈黑褐色，喉囊呈红色；脚短弱，几乎无蹼；雌鸟一般大于雄鸟；主要以飞鱼类为食，并劫掠其他海鸟的捕获物。军舰鸟多在灌丛或树上筑巢，与其他鸟（燕鸥、鲣鸟）的巢区接近；繁殖期间喉囊特别发达。在求偶时，雄鸟极力膨胀红色喉囊，摇摆身躯，拍打双翅，向雌鸟炫耀，如丽色军舰鸟。每窝只产 1 卵，卵呈白色；孵化期 45 ～ 50 天。雏鸟晚成性。雏鸟全身裸露，留巢 4 ～ 5 个月，由双亲共同哺食。

中国有 3 种军舰鸟：①黑腹军舰鸟。体呈黑色，两翅有褐色斑带。夏季遍布广东、福建沿海及西沙群岛。②白腹军舰鸟。大小与小军舰鸟相似，雄性成鸟体羽大都呈黑色，但腹部呈白色。雌性喉部呈黑色，腹部呈白色。属漂泊鸟，广东沿海岛屿偶见繁殖。③白斑军舰鸟。雄性成

丽色军舰鸟

白斑军舰鸟

鸟上体呈黑色，头、背具蓝色光泽，下体羽表面呈浅褐色，前腹两侧各具一白斑。雌鸟体羽一般呈黑色，喉和前颈呈灰白，背有浅紫光泽，后颈具栗色领环，翅上覆羽有褐色块斑，胸部和胸侧呈淡黄白。

红嘴鹲

红嘴鹲是鹲形目鹲科鹲属的一种。因嘴为红色得名。又称热带鸟。红嘴鹲分布于整个热带海洋。

红嘴鹲全长约 1000 毫米。中央尾羽为白色，长约为全长的 1/3；嘴大都红色，大而直；眼先有一黑斑，经眼后延至颈，形成一条宽阔的贯眼纹；背具黑色横斑；初级飞羽呈黑色，内翈具宽阔白缘。

红嘴鹲除繁殖季节登陆产卵育雏外，几乎所有时间都在海洋上空不停地飞翔。有时长期跟随渔船飞行，累了就停在桅杆上；多为单个或成对活动；主要以飞鱼、

红嘴鹲

乌贼为食，亦吃甲壳类动物。红嘴鹲3月末至4月初到海岛上，在岸边岩石架上或石缝中产卵，每次产卵1枚，卵呈白色，具赤褐色斑纹。

鸵鸟目

鸵鸟目是鸟纲的一目，现存1科1属，包括鸵鸟和索马里鸵鸟两种。

鸵鸟目包括许多体形巨大且不能飞行的走禽，是现存最大的鸟类，身高可达2.5米，体重达135千克。适应于奔走生活，后肢粗壮有力，足仅具两趾（第三、四趾）；翼退化，胸骨不具龙骨突；不具尾综骨及尾脂腺；羽毛均匀分布在体表（无羽区、裸区之分），不具羽小枝（因而不构成羽片）；雄鸟具交配器。

鸵鸟

鸵鸟目鸟类生活于沙漠草原地带，集群活动，一雄多雌。奔跑快速，

一步可达 8 米, 时速 60 千米; 以植物叶、果实、种子及小动物为食; 在地面挖穴为巢, 各雌鸟可产卵于一穴内, 10 ～ 30 枚, 重量可达 1300 克; 由雌雄孵化, 孵卵期约 42 天, 雏鸟早成性。该类群的鸟类在世界各地都已被人工驯养。

鸵 鸟

鸵鸟是鸵鸟目鸵鸟科的一种。又称非洲鸵鸟。鸵鸟产于非洲沙漠地带。

鸵鸟是现存鸟类中最大的一种。雄鸟从头顶至足高约 2.5 米, 从背至足高约 1.4 米, 雌鸟稍小; 两翅退化, 胸骨的龙骨突不发达, 不能飞; 尾羽蓬松而下垂; 足具两趾和肉垫, 强而善走。

鸵鸟善于奔跑, 时速可达 80 千米。栖息于荒漠有矮小灌丛和多刺树木的生境; 常和斑马、羚羊、长颈鹿等集群活动; 以植物为食, 有时也吃昆虫和小型爬虫。鸵鸟婚配制度为一雄多雌制, 繁殖期一只雄鸟与 3 ～ 5 只雌鸟交配; 在沙地上挖穴为巢, 相配的雌鸟均在此穴内产卵; 每穴内卵数为 15 ～ 60 枚, 因不同亚种而异, 通常一只雌鸟能产 6 ～ 8 枚卵; 卵呈乳白色, 大小约 150 毫米 ×125 毫米, 经过 35 ～ 42 天孵化, 雏鸟破壳而出。世界各地有很多人工饲养种群。

鸵鸟成体

鸵鸟除了可以观赏外，人工饲养的个体的羽毛为名贵饰物，肉可食用。此外，原非洲鸵鸟索马里亚种现已独立为索马里鸵。

雁形目

豆　雁

豆雁是鸟纲雁形目鸭科雁属的一种。俗称大雁。分布于西伯利亚和中国东部。

豆雁全长 71 ～ 79 厘米。头颈呈棕褐色，前额或具狭窄白斑；上体呈灰褐色或棕色；尾呈黑褐色，尾端呈白色；喉和上胸呈棕褐色，胸以下呈污白色，两肋有褐色横斑；嘴呈黑色，中间有一条黄或粉色横斑；脚呈橙黄色或粉色。

豆雁在中国主要为冬候鸟，见于长江南北的江河、湖泊、水库和农田中。数量居中国雁类之冠。每年 3 月中旬至 4 月初和 9 月底至 10 月初迁徙时路经北京。飞行时以十余只至数十只为一组，排列成整齐的"一"字形或"人"字形的队列，交替交换队形，边飞边叫，缓缓前进。性机警，在就食或憩息时，总有一只充当"哨兵"。通常夜间取食，以薯类和谷物为食，也吃青草、菱角、荸荠等。

鸿　雁

鸿雁是鸟纲雁形目鸭科雁属的一种。家鹅的原祖。分布于西伯利亚和中国。

鸿雁雄鸟全长约 90 厘米。雌鸟稍小。嘴呈黑色，较头部长；头顶呈白色，正中呈棕褐色，上体大部呈灰褐色，羽缘色淡直至白色；前颌下部和胸部均呈肉桂色，向后渐淡至下腹呈纯白色；两胁具暗色横斑；尾下覆羽和尾侧覆羽均呈白色。老年雄雁的上嘴基部有疣状突；跗跖呈橙黄色；爪呈黑色。

鸿雁栖息于河川、沼泽地带。夜间觅食植物，白天在水中游荡。春夏之间在中国内蒙古东北部和黑龙江流域繁殖。在河中沙洲、湖中小岛或洼地的草丛中营巢。每窝产卵 4 ～ 8 枚。卵呈乳白色。秋季南迁，常结群飞行高空，列成 V 形，不时发出洪亮的叫声。在中国东部至长江中、下游以南地区过冬。《中国生物多样性红色名录——脊椎动物卷（2020）》将其评估为易危（VU）物种。

天　鹅

天鹅是鸟纲雁形目鸭科一属，是鸭科中个体最大的类群。天鹅颈修长，几与身躯等长；嘴基部高而前端缓平；尾短而圆；蹼强大，但后趾不具瓣蹼。世界有 5 种，中国有大天鹅、小天鹅和疣鼻天鹅 3 种。

大天鹅和疣鼻天鹅均在中国繁殖和越冬。小天鹅繁殖于欧亚大陆的极北部，迁徙时途经中国东北、内蒙古和华北，在长江中、下游和东南沿海地区越冬。

疣鼻天鹅是天鹅中最美丽的一种，全长约 1.5 米。体呈白色，嘴呈赤红色，前额有一黑色疣突。夏季见于中国北方草原—荒漠地区的湖泊、水库中，一般成对活动，在水面上常把颈弯成 S 形，并拱起蓬松的翅膀。

以蒲根、野菱角和藻类为食，也挖食莲藕等。3月底开始营巢繁殖。巢筑于蒲苇深处，呈圆形，以蒲苇茎叶搭成。每窝产卵4～9枚。卵呈苍绿色且有污白细斑。雌鸟孵卵。9月下旬开始南迁，一般列队为6～20只。

《中国生物多样性红色名录——脊椎动物卷（2020）》将小天鹅、大天鹅和疣鼻天鹅均评估为近危（NT）物种。

栗树鸭

栗树鸭是雁形目鸭科树鸭属的一种。

◆ 地理分布

栗树鸭为单型种，无亚种分化。在中国主要繁殖于云南南部及广西西南部，夏季偶尔出现在长江下游、广东南部、海南岛及台湾。在国外，栗树鸭分布于印度及东南亚。

◆ 形态特征

栗树鸭为中小型鸭类。两性相似，体长37～42厘米，体重仅400～600克；体羽红褐色；头顶深褐色，头、颈部皮黄色，自枕至后颈有一条黑褐色的纵纹；上体主要为黑褐色，背部褐色具棕色扇贝形纹，尾上覆羽及翅上覆羽栗红色，尾黑色，大覆羽及飞羽黑褐色；下体红褐色，但尾下覆羽棕白色。眼

栗树鸭成体

具狭窄的黄色眼圈，不易察觉。

◆ **生物学习性**

栗树鸭栖息于富有植物的池塘、湖泊、水库等水域中，也出现在林缘沼泽和四周有植物覆盖的水塘和溪流中。喜欢隐匿在高草丛中或荷叶下，有时成群停歇在开阔水面；于黄昏后至栖息处附近稻田取食，主要以稻谷、水生植物种子和嫩芽为食，也吃小鱼和软体动物；常在夜间、清晨和傍晚活动，繁殖期昼夜觅食。栗树鸭性机警，每群均有几只个体处于警戒状态，遇危险先被惊飞；飞行力弱，飞行速度亦不及其他鸭类，边飞边发出轻而尖的叫声；善游泳及潜水取食。栗树鸭繁殖期在 5 ～ 7 月，营巢于林下、灌丛地面草丛中或芦苇沼泽地和树洞中，巢以茅草搭成，内铺蕨叶和羽毛等；每窝产卵 8 ～ 14 枚，卵呈白色；雌雄交替孵卵，孵化期约 30 天。

◆ **种群动态与保护措施**

栗树鸭在中国南方多为夏候鸟，迁来时正值水稻育秧期，常掘食稻种，秋后结群在田中取食成熟稻谷。因栗树鸭常成群出现，取食稻谷等，曾被农民视为害鸟而大量捕猎，加之环境污染和农药的大量使用，导致其种群数量明显下降。在中国已被列为国家二级保护野生动物，《中国生物多样性红色名录——脊椎动物卷（2020）》将其评估为易危（VU）物种，应加强保护宣传和增加公民的爱鸟、护鸟意识，减少各类环境污染，保护其栖息地和觅食地。同时，应采取经济补偿等措施解决农民利益与鸟类保护之间的冲突。

树　鸭

树鸭是雁形目鸭科的一属。在全球共有 8 种，中国仅分布 1 种，即栗树鸭。树鸭分布于环热带区，大部分为留鸟，少数迁徙。

树鸭为小型鸭类，左右翅各有一枚形状特殊的飞羽，飞行中与空气摩擦能发出轻而尖的啸声，故又称啸鸭。形态似天鹅，嘴形广平，秃颈，长腿，跗跖前缘被以网状鳞，后趾仅具狭形瓣蹼，后趾（连爪）的长度为其宽度（连同瓣蹼）的 3.5 ～ 4 倍；两性羽色均鲜艳。

树鸭

树鸭以栖息、营巢于树上而得名，潜水能力强；多生活于富有植物的池塘、湖泊、水库等水域中，也出现在林缘沼泽和四周有植物覆盖的水塘和溪流中。树鸭以植物种子及嫩茎叶为主食。繁殖时，营巢于地上草丛、芦苇沼泽地和树洞中；每窝产卵 8 ～ 14 枚；雌雄共同孵卵，孵化期 27 ～ 30 天。

中华秋沙鸭

中华秋沙鸭是雁形目鸭科秋沙鸭属的一种。

◆ **地理分布**

中华秋沙鸭为单型种，无亚种分化。繁殖在俄罗斯东南部，朝鲜，中国东北部的黑龙江、吉林及内蒙古地区；大多数越冬于中国中部和南部地区，少数越冬于日本、韩国、缅甸和泰国，零星个体越冬于俄罗斯东南部和朝鲜。

◆ 形态特征

中华秋沙鸭羽冠长而明显，成双冠状。嘴长而窄，呈红色；雌雄异色。雄鸟头、上背及肩羽黑色；下背、腰和尾上覆羽白色，翼镜白色，下体白色，两胁具黑色鳞状纹。雌鸟头和颈棕褐色，具有羽冠；喉部淡棕色，上体灰褐色，胸部白色杂以褐色鳞斑。胸部白色可区别于红胸秋沙鸭，体侧具鳞状纹有异于普通秋沙鸭。

中华秋沙鸭

◆ 生物学习性

中华秋沙鸭繁殖期主要栖息于成熟阔叶林和针阔混交林附近水流湍急的多石河谷和溪流中；越冬时多栖息于迂缓开阔的河流和湖泊中，常结小群活动，潜水捕食鱼类。在4月初到4月中旬产卵，窝孵数8～14枚，孵化期28～35天。雏鸟出巢后，成家族群活动。

◆ 种群动态与保护措施

中华秋沙鸭种群数量小，且由于栖息地丧失和人为干扰的影响，数量呈持续下降趋势，因此已被世界自然保护联盟（IUCN）列为濒危（EN）等级物种。在中国，已被《中国濒危动物红皮书·鸟类》列为稀有种，

是国家一级保护野生动物，《中国生物多样性红色名录——脊椎动物卷
（2020）》将其评估为濒危（EN）物种。保护中华秋沙鸭，应减少人
为干扰，加强对其栖息地的保护与恢复；除设立自然保护区外，还应加
强鸟类保护宣传，增加爱鸟护鸟的公民意识。

鹊 鸭

鹊鸭是雁形目鸭科鹊鸭属的一种。

◆ 地理分布

鹊鸭因黑白羽色酷似喜鹊而得名，共两个亚种，分布于全世界。繁
殖于北美洲北部、欧洲中部和北部及西伯利亚地区，越冬于繁殖区的南
方。在中国，分布有指名亚种，繁殖于大兴安岭，越冬于华北地区、东
南沿海和长江中下游，除海南外见于全中国各地。

◆ 形态特征

鹊鸭体重（雄鸟）780～1000克，翅长（雄鸟）202～221毫米；
虹膜黄色，脚黄色。雌雄异色。雄鸟嘴黑色，头黑色，两颊近嘴基处各有一大型白色圆斑；繁殖期雄鸟上体黑色，胸腹白色，次级飞羽极白，头余部黑色带紫蓝色光泽。鹊鸭雌鸟体形

鹊鸭

略小，嘴黑色，尖端橙色；头和颈褐色，颊无白斑；颈部有污白色圆环；下颈连胸、胁呈石板灰色；上体余部褐色，羽缘较淡。

◆ **生物学习性**

鹊鸭常栖息于江河、湖泊、水库、河口、池塘、溪流、沼泽及沿海水域。性机警，善游泳，游泳时尾翘起，能长时间潜入水下；食物主要为甲壳类、昆虫及其幼虫、蠕虫、软体动物、小鱼、蛙及蝌蚪等水生动物，兼食水生植物的种子、根及芽；平时不鸣叫，繁殖季节常发出噪声。鹊鸭飞翔时翅膀拍动十分迅速，并能发出尖锐哨声。为候鸟，在中国沿海越冬时，集群几十只至数百只，甚至多达上千只。

鹊鸭繁殖期在 5～7 月，营巢于水域岸边天然树洞中，每窝产卵 8～12 枚，卵呈蓝绿色，孵化期约 30 天。

◆ **种群动态与保护措施**

鹊鸭分布范围广，为常见水鸟之一。虽未列为受胁鸟种，也应关注其种群动态和栖息地保护。

棉　凫

棉凫是雁形目鸭科鹊鸭属的一种。又称棉花小鸭、小白鸭子、八鸭。

◆ **地理分布**

棉凫分为两个亚种，即指名亚种和澳洲亚种。前者分布于亚洲东部和东南部的大部分地区，从阿富汗到印度，再到菲律宾、苏拉威西岛及巴布亚新几内亚的北部；后者主要分布于澳大利亚东北部。分布于中国的为棉凫指名亚种，见于东部和东南部地区。

◆ **形态特征**

棉凫体重 260 ～ 300 克，体长 30 ～ 36 厘米。嘴形似鹅，嘴基部高，向前渐狭。雄鸟额和头顶黑褐色，前额具一白点；颈的基部有一黑色领环，头和颈的余部均为白色；上体黑褐色，具金属光泽；初级飞羽中部白色，形成翼镜；尾上覆羽白色，密杂以虫蠹状细斑；尾暗褐色；羽端浅棕色；下体除上述的黑色领环和褐色尾下覆羽外均为纯白色。棉凫雌鸟羽色与雄鸟相似，但黑色部分无金属光泽，颈无领环，

棉凫

翅上无翼镜，尾下覆羽非褐色；两眼贯以黑褐色粗纹；头与颈的白色羽毛满布以褐色细纹，两胁白而具较粗的褐斑。

◆ **生物学习性**

棉凫平时栖息于河川、湖泊、池塘、沼泽内，尤喜在有水生植物的开阔水域活动。常成对或成几只至 20 多只的小群活动，非繁殖季节聚集成较大群；善游泳及潜水，但很少潜水；杂食性，食物以植物种子、草和水生植物的绿色部分为主，偶尔也取食一些昆虫等无脊椎动物。棉凫在 6 ～ 8 月繁殖，营巢于近水树洞，卵呈纯白色，大小约 45 毫米 ×32 毫米。

◆ 种群动态与保护措施

棉凫分布广，数量较多，因此未被列入世界自然保护联盟（IUCN）全球受胁物种名录。在中国，曾遍布长江以南地区，但种群数量已锐减，已被列为国家二级保护野生动物，《中国生物多样性红色名录——脊椎动物卷（2020）》将其评估为濒危（EN）物种，需要加强保护。

鸳　鸯

鸳鸯是雁形目鸭科鸳鸯属的一种。

◆ 地理分布

鸳鸯为单型种，无亚种分化。野生种群繁殖于俄罗斯乌苏里兰、哈巴罗夫斯克（伯力）等地，繁殖区域直至泽雅河口湾西部、中国北部和西南地区、库页岛、国后岛和北海道以及日本主要岛屿的最北部。越冬期主要栖息于中国东部、中部、南部及台湾等地，也见于韩国和日本本州，小部分会到达缅甸和印度东北部。鸳鸯已被人为引种到英国、法国、比利时、荷兰、德国、丹麦、奥地利、瑞士等国家。

◆ 形态特征

鸳鸯为小型游禽，体长 41 ～ 51 厘米，体重 444 ～ 500 克。雄性在非繁殖季羽色暗淡，繁殖季羽色异常艳丽。雄鸟额和头顶中央翠绿色，并具金属光泽；枕部铜赤色，与后颈的暗紫绿色长羽组成羽冠；白色眉纹，后缘汇入羽冠，翎羽橙红色，胸暗紫色，羽帆橙红色；尾羽暗褐色而带金属绿色。雌鸟羽冠短，贯眼纹白色，上体灰褐色，无帆羽。鸳鸯幼鸟形态特征与雌鸟相似。

◆ 生物学习性

鸳鸯主要栖息于有静水或流速缓慢水域的中纬度阔叶林区，早晚活动频繁，成鸟主要以种子、小型坚果、鱼类或蛙类为食，雏鸟主要以无脊椎动物为食。鸳鸯亚洲种群主要越冬于中国东部低纬度地区，日本和英国种群很少迁徙。

鸳鸯于每年 4 月进入繁殖

鸳鸯

期。营巢于较大的啄木鸟旧洞或天然树洞，巢内以绒羽作为内衬铺垫；种内巢寄生行为较为普遍，虽每窝产卵 9 ～ 12 枚，但巢内的卵数有时达 30 多枚，孵化期 28 ～ 30 天。

◆ 种群动态与保护措施

据估计全球鸳鸯种群数量为 6.5 万～ 6.6 万只。分布范围广，不接近物种生存的脆弱濒危临界值标准（分布区域或波动范围小于 2 万平方千米，栖息地质量、种群规模、分布区域碎片化），因此被评价为低危（LC）物种。在中国，由于森林砍伐和捕猎，鸳鸯种群数量有持续减少趋势，因此已被列为国家二级保护野生动物，《中国生物多样性红色名录——脊椎动物卷（2020）》将其评估为近危（NT）物种。保护鸳鸯，应杜绝非法捕猎，加强其栖息地的保护，加强保护宣传和增加公民的爱鸟护鸟意识。

鹦形目

鹦 鹉

鹦鹉是鹦形目鹦鹉科鸟类的统称。世界有 78 属 332 种，分布于亚洲南部、大洋洲、非洲、美洲，主要产于大洋洲。中国有 7 种，见于西藏南部、四川南部、云南、广东、广西。此科鸟类大小差别悬殊。嘴甚短强；上嘴钩曲而具蜡膜，犹如猛禽；上嘴能向上活动，其与头骨如具铰链一般；嘴钩内有锉状构造；舌多肉质而柔软。翅形稍尖。尾长短不一。跗跖短健，被以细鳞。前后皆两趾，适于攀树。体羽常为绿色，或绿蓝和红色等，非常艳丽。雌雄相差不多，幼鸟与雄鸟相似。

中国常见种为灰头鹦鹉，分布于四川西部以南至云南南部。全长约 35 厘米。体羽呈绿色，沾染蓝色，胸和上体尤甚；头呈暗灰且有蓝色沾染；额部呈黑色；后颈沾蓝绿色。雄鸟翅上覆羽具

不同种类的鹦鹉

深栗色块斑，雌鸟无；尾羽呈绿色和蓝色，尖端呈黄色。繁殖季节单个或成对在沟谷的树林或稀疏的阔叶林区，秋季常成群在雨林啄食榕树果，或集结在山坡草地取食。

鹰形目

鹰形目是鸟纲的一目。

◆ 分类

鹰形目包括许多日间活动的猛禽，即各种鹰、雕、秃鹫在内有 200 多个物种。过去通常和隼科鸟类一起构成隼形目，但在 2013 年国际鸟类学委员会（IOC）发布的世界鸟类名录 3.4 版中，将原隼形目中隼之外的所有猛禽归入一个新目，即鹰形目。

◆ 形态特征

鹰形目鸟类嘴前端向下弯曲呈钩状，边缘具弧状垂突，适于撕裂猎物吞食。嘴基部通常被蜡膜或须状羽。翅膀长而宽大，前端有凸出的 4～7 枚初级飞羽，善于在高空持久盘旋翱翔；尾羽形状不一，多数为 12 枚；脚和趾强健有力，通常 3 趾向前，1 趾向后，呈不等趾型；双脚强健，趾

白头海雕

骨稍长，趾端钩爪锐利，屈趾肌腱发达，加强了钩爪的抓握力，利于撕裂和刺穿猎物。一般雌鸟体形较雄鸟稍大。

◆ **生物学习性**

鹰形目鸟类栖息环境多样，在高山、平原、山麓、丘陵、草原、海岸峭壁、江河湖泊或沼泽草地等处均可见到。白昼活动；食物多样，并因季节而有差异；一般成对生活，在高山绝壁、树冠顶端、荒漠草原的乱石堆、树洞或较大的鼠洞中营巢，少数集巢群居。

鹰形目鸟类中的大型种类每窝产卵 1～2 枚，小型种类每窝产卵 3～5 枚；孵化期长短不一，大型种类约 45 天，雏鸟留巢 2 个月后出飞；小型种类约 30 天，雏鸟留巢约 1 个月后出飞。雏鸟晚成性，主要由雌鸟孵卵，雄鸟在附近警戒，并捕猎育雏的食物。

苍　鹰

苍鹰是鸟纲鹰形目鹰科鹰属一种。又称鸡鹰、兔鹰、黄鹰、牙鹰、鹞鹰。广泛分布于北美洲、欧亚大陆和非洲北部。有 10 个亚种，中国有 4 个。

苍鹰体形中等，全长 47～59 厘米。嘴钩曲，上嘴切缘具弧状垂突；成鸟上体羽呈深苍灰色，头颈部呈暗灰黑色，后颈羽基部呈白色，常展露于外；下体羽接近白色，喉部满布纤细的褐色纵纹；胸腹部密布暗灰褐色细横斑；尾羽呈灰褐色，具 5 条黑褐色横斑，尾羽先端呈灰白色。雌雄鸟羽色相似，雌鸟体形稍大。虹膜呈金黄色，嘴呈铅灰蓝色，嘴端呈黑色；蜡膜呈黄绿色；脚呈橙黄色；跗跖前后缘均被盾状鳞片。

苍鹰通常在丘陵地带活动，性凶猛而狡猾，经常藏于枝叶茂密的丛林间，窥伺地面猎物，一经发现，即疾飞突袭。视力敏锐，双翅强健，动作敏捷，钩嘴与钩爪配合，极适于撕裂猎物。主要吃雉鸡类、野兔、野鼠和幼鹿。繁殖期在高树顶端营巢，巢呈皿状，用枯枝构成。5～6月间产卵，每窝产卵2～4枚。卵呈淡青色，略缀淡青灰斑纹，或不甚明显的赤褐色斑。孵化期35～38天。主要由雌鸟孵卵，雄鸟捕食哺喂雏鸟。约经45天幼鸟飞出独立觅食。

苍鹰捕食大量啮齿类动物，对农、林、牧业极有益处。中国很早就驯养苍鹰，用于狩猎，现已禁止。苍鹰为《中国国家重点保护野生动物名录》中的二级保护动物，《中国生物多样性红色名录——脊椎动物卷（2020）》将其评估为近危（NT）物种。

雨燕目

蜂 鸟

蜂鸟是雨燕目蜂鸟科鸟类的统称。因飞行时两翅振动发出嗡嗡声而得名。有103属329种，分布于拉丁美洲，北至北美洲南部，并沿太平洋东岸达阿拉斯加。

蜂鸟是体形最小的鸟类。蜂鸟羽色最鲜艳且有金属光泽；嘴细长而直，有的下曲，个别种类向上弯曲；舌伸缩自如；翅形狭长；尾尖，呈叉形或球拍形；体被鳞状羽，大都闪耀彩虹色，雄鸟更为鲜艳；脚短，趾细小而弱。蜂鸟飞翔时，两翅急速拍动，快速有力而持久；最小的种类每秒可拍动 50 次以上。善于持久地在花丛中徘徊"停飞"，有时还能倒飞。除两翅振动发声外，还会发出清脆、短促、刺耳、犹如蟋蟀的吱吱声。蜂鸟"停飞"在花间时，常将嘴伸入花瓣中吮食花蜜，同时也捕捉花丛间的小昆虫为食。巢呈杯状，置于稠密的枝叶间。营巢、孵卵、育雏等均由雌鸟承担。每窝产卵 2 枚。雏鸟为晚成性。

金丝燕

金丝燕是雨燕目雨燕科的一属。有 27 种。跗跖全裸或几乎完全裸出，尾羽的羽干不裸出。一般都是轻捷的小鸟，比家燕小，体质也较轻。雌雄相似。金丝燕嘴细弱，向下弯曲；翅膀尖长；脚短而细弱，4 趾都朝向前方，不适于行步和握枝，只有助于抓附岩石的垂直面。上体羽色呈褐至黑色且带金丝光泽，下体呈灰白或纯白色。金丝燕有回声定位能力，能在全黑的洞穴中任意疾飞。嘴里能分泌出一种富有黏性的唾液，把筑巢的材料（如藻类、苔藓、水草等）黏结在一起。褐腰金丝燕、灰腰金丝燕、爪哇金丝燕和方尾金丝燕用以造巢的唾液一经风吹就凝固起来，形成半透明的胶质物，即俗称的燕窝。

产燕窝的金丝燕大都分布在印度、东亚、东南亚、马来群岛，营群栖生活。中国西部、西南部以至西藏自治区东南部均产有短嘴金丝燕，但它们不出产可供食用的燕窝。

本书编著者名单

编著者 （按姓氏笔画排列）

马志军　　王海涛　　王毅花　　邓文洪

卢　欣　　许维枢　　李建强　　李湘涛

李福来　　杨晓君　　张子慧　　张国钢

张荫荪　　张福成　　陈水华　　陈丽霞

冼耀华　　郑作新　　赵　伟　　钱法文

钱燕文　　高学斌　　唐蟾珠